Ernst Hartert

Die Feinde der Jagd

Eine naturwissenschaftliche Studie über die dem Wildstande wirklich und

vermeintlich schadenbringenden Tiere

Ernst Hartert

Die Feinde der Jagd
Eine naturwissenschaftliche Studie über die dem Wildstande wirklich und vermeintlich schadenbringenden Tiere

ISBN/EAN: 9783742898500

Hergestellt in Europa, USA, Kanada, Australien, Japan

Cover: Foto ©berggeist007 / pixelio.de

Manufactured and distributed by brebook publishing software (www.brebook.com)

Ernst Hartert

Die Feinde der Jagd

Die Feinde der Jagd.

Eine naturwissenschaftliche Studie

über die dem Wildstande wirklich und vermeintlich schadenbringenden Thiere

von

Ernst Hartert.

Mit Illustrationen

von

Mützel, Kretschmer, Deiker, Specht, Bellecroix u. A.

Berlin 1885.

Wilhelm Baensch Verlagshandlung.

In den folgenden Zeilen beabsichtige ich, Thiere, welche dem Wilde Schaden zufügen, einer genaueren Besprechung zu unterziehen; ebenso diejenigen, welche von vielen Jägern und Nichtjägern als jagdschädlich angesehen werden, es aber nach meiner Ueberzeugung nicht sind. Von jeher habe ich keine Gruppe von Vögeln mit solcher Vorliebe beobachtet, wie die Raubvögel. Namentlich will ich den jüngeren Waidgenossen und Lesern, deren Zahl hoffentlich recht gross sein wird, ein treues, vorurtheilsfreies Bild zu entwerfen suchen, da nicht Jeder Gelegenheit hat, selbst Alles zu erforschen.

Ich bin eifriger Jäger und grosser Vogelfreund; häufig kommt es vor, dass der Vogelliebhaber in der Vertheidigung seiner Lieblinge zu weit geht, wie es sich auch andererseits nicht leugnen lässt, dass zuweilen Jäger in der Verfolgung einzelner Thiere das Maass überschreiten. In den meisten Fällen ist die goldene Mittelstrasse das allein Richtige.

Ueber einige Bezeichnungen werde ich Erklärungen vorausschicken müssen: Die Maasse der Eier: x_l zu x. bedeuten: die Länge beträgt x_l, die Breite x.. — Unter Gelege versteht man die in einem Neste befindlichen Eier. — Der Fuss der Raubvögel heisst in der Waidmannssprache Fang: ich gebrauche diese Bezeichnung nur für die Zehen und nenne das Fussrohr (Tarsus) Ständer. Anders glaubte ich mich nicht ausdrücken zu dürfen, wenn ich nicht Missverständniss möglich machen wollte. — Schaftstriche sind Flecke, welche längs des Schaftes (vulgo Kieles) einer Feder verlaufen. — Untere resp. obere Schwanzdeckfedern sind die länglichen Federn, welche oben und unten den Anfang des Schwanzes bedecken.

Sonst glaube ich keine Ausdrücke gebraucht zu haben, die einer Erklärung bedürften.

Ernst Hartert.

1. Der Hühnerhabicht

(Astur palumbarius, Bechstein).

Stockfalk, Taubenhabicht, Doppelsperber, grosser Stösser (Falco palumbarius, Accipiter palumbarius).

Der Habicht ist von allen unseren Raubvögeln leicht zu unterscheiden. Er streicht meist niedrig und mit grosser Schnelligkeit dahin, auffallend genug durch die kurzen Flügel und den langen Schwanz. Er sitzt sehr aufgerichtet. Der Alte ist auf der Oberseite dunkelgrau, auf der Unterseite weiss mit schmalen bräunlichgrauen Streifen über und über quer gebändert. Auge, Ständer und Fänge schön gelb. Die Fänge sehr lang, ebenso die scharfen Krallen. Ein ganz anderes Kleid tragen die Jungen, so dass der Unkundige sie sehr oft für ganz andere Vögel hält. Die Oberseite ist mehr hellbräunlich, die Unterseite bräunlichweiss mit dunkelbraunen Längsflecken. Auge hellgelb, Ständer und Fänge schmutziggelb.

Das Gefieder ist kürzer und fester, als bei Bussarden und Weihen. Verwechselungen können kaum vorkommen, doch werden die Jungen oft für einen anderen Vogel gehalten, auch erregt die oft sehr verschiedene „Grösse" der Geschlechter bisweilen bei den Jägern Zweifel, ob beide einer und derselben Art angehören mögen, denn das Weibchen ist etwa einen Decimeter länger als das Männchen. Die Länge beträgt über einen halben Meter, die Flugbreite durchschnittlich einen Meter.

Der Hühnerhabicht ist ein in ganz Deutschland leider noch gar zu oft vorkommender Raubvogel, der in den allermeisten Gegenden noch horstet. Wo er genügenden Raub findet und nicht allzusehr verfolgt wird, horstet er in flachen und gebirgigen, wasserreichen und trockenen Gegenden. Der Horst ist gross und steht am liebsten recht hoch und gut versteckt, am häufigsten ohne Zweifel auf Nadelholzbäumen, aber auch auf allerlei Laubholz z. B. Eichen und Buchen, Erlen und Espen und manchmal ganz frei. Unweit Wesel horstete einer in einem wahrscheinlich schon lange benutzten riesigen Horst auf einem Buchenast über einem befahrenen Waldweg, bis eine Ladung Hasenschrot ihm eines Tages das Geschäft verdarb. — Er benutzt den Horst oft viele Jahre lang und solche alte Horste nehmen dadurch, dass alljährlich die flache Mulde neu ausgefüttert wird, oft riesige Dimensionen an. Wie bei allen Raubvögeln, welche früh im Jahre ankommen, oder wie der Hühnerhabicht bei uns überwintern, so

1

ist auch bei ihm die Zeit des Eierlegens nach der Witterung — wohl auch nach der Gegend und dem Alter der Paare — verschieden. In der Regel wird nach warmen Wintern und in zeitigen Frühjahren eher gebrütet, auch haben sie dann oft ein stärkeres Gelege. Die Eierzahl ist gewöhnlich drei, manchmal aber vier, selbst fünf, bisweilen auch nur zwei, welche in der Regel Mitte April, manchmal auch erst Ende April gelegt werden. Ausnahmsweise fand ich schon in

Der Hühnerhabicht (Astur palumbarius, Bechstein).

den ersten Apriltagen Eier. Die Eier sind etwas bläulichweiss, oft auch nur schmutzigweiss und verlieren in den Sammlungen meist den grünlichen oder bläulichen Ton, so dass sie fast ganz weiss erscheinen. Dass sie bisweilen hellgelbe verwischte Flecke haben, oder gar als grosse Rarität ein Ei mit rothbrauner Zeichnung vorkommt, ist so selten, dass es für den Jäger eigentlich kaum nöthig ist zu wissen, da leicht Verwechselungen mit den Eiern anderer Raubvögel herbeigeführt werden können. Die Habichtseier messen in der Regel etwa 59:43 mm, manchmal aber bis 63:48 oder auch nur 51 zu 42½ mm; ein so kleines Ei habe ich indess nur bei starkem Gelege als zuletzt gelegtes Ei, welches wahrscheinlich nicht ausgebrütet worden wäre, gefunden. Hin und wieder brüten Vögel noch im Jugendkleide mit der gelben Unterseite. Das Männchen brütet nur in den Mittagsstunden. Auf den Eiern sitzen sie gewöhnlich sehr fest und muss man zuerst das Männchen um die Mittagszeit im Abstreichen zu schiessen suchen, dann das fester brütende Weibchen. Der Schuss auf einen vom Horst abstreichenden Habicht ist oft sehr schwierig, da er blitzschnell davonsaust und jegliche Deckung geschickt zu benutzen weiss.

Erfolgreicher als das Schiessen ist jedoch gewöhnlich der Fang. In Nr. 35 des dritten Jahrgangs der „Neuen Deutschen Jagd-Zeitung" theilt Herr Bieling eine hochinteressante Fangart bei den Jungen mit. Auch in den bekannten Habichtskörben fangen sich, wenn sie an geeigneten Orten aufgestellt sind, eine Menge Habichte. Am besten geschieht die Aufstellung auf kleinen Anhöhen und Blössen im Walde, womöglich in der Nähe von Gebäuden, in denen Federvieh gehalten wird. Es ist aber eine wunderbare Sache um den Fangplatz. Manchmal fangen sich an ganz ungeeignet erscheinenden Punkten unaufhörlich die frechen Räuber, während sich ein Punkt, den man allen Erfahrungen nach für ausserordentlich günstig halten muss, wenig ergiebig zeigt. Recht viel eigene Erfahrung ist auch hier, wie bei allen Fangarten, wünschenswerth. — Findet man den Raub eines Habichts, so kann man ihn fangen, wenn man den Rest des Raubes auf ein Tellereisen befestigt, da er fast immer zu demselben zurückkehrt. Er kröpft meist an versteckten Plätzen und kommt es vor, dass er sich bei seiner Gier unverhofft überraschen lässt, so dass man ihn, wenn man sofort schussfertig ist, erlegen kann. Mir ist es auch einmal passirt, dass ein Habicht über mir auf einem Ast aufhakte, während ich mich unter dem Baum zum Frühstücken niedergelassen hatte und es gelang mir, leise die neben mir liegende Flinte zu ergreifen, zu spannen und den Ahnungslosen vom Baume herabzudonnern. Was den sonst so vorsichtigen Räuber veranlasste, so unbedacht aufzuhaken, weiss ich nicht, da er ohne Raub herankam.

Ueber den ganz immensen Schaden, den unser Habicht der Jagd zufügt, reden zu wollen, hiesse Eulen nach Athen tragen. Jeder Jäger wird es sich zur Ehre rechnen, den gefährlichen Burschen am Horst und auf der Krähenhütte, in Fallen und Eisen zu erbeuten, zumal er das ganze Jahr bei uns ist. In Deutschland bleiben die Paare das ganze Jahr über. Man behauptet, dass unsere Habichte im Herbste fortzögen und durch nordische Zuzügler ersetzt würden. Wir wissen allerdings, dass er im Norden fortzieht; schon von Livland berichtet von Loewis, dass er dem Schnee und der Kälte weicht und diese Nordländer belästigen uns dann auch noch im Winter. Unsere Brutvögel aber streichen in der Gegend umher, ohne in der Regel das Land zu verlassen. Möge die deutsche Jägerei ihnen ihre Streifereien tüchtig versalzen und nicht in ihrem Eifer im Vertilgen dieses Räubers nachlassen!

2. Der Finkenhabicht oder Sperber
(Astur nisus, Linné).

Kleiner Stösser oder Stossvogel (Falco oder Accipiter nisus und Nisus communis).

Der Finkenhabicht oder Sperber (Astur nisus, Linné).

Der Sperber ist ein Hühnerhabicht im Kleinen. Auch er schleicht bald wie ein Dieb, bald streicht er blitzschnell über die Felder und durch die Büsche hin, durch den langen Schwanz und die kurzen Flügel von den übrigen „kleinen" Raubvögeln leicht zu unterscheiden.

Auch der Sperber ändert in „Grösse" und Färbung in ähnlicher Weise wie der Hühnerhabicht, so dass französische und andere Forscher einen „Grosssperber" (Astur major, Degland) als Unterart von dem Sperber trennten. Das alte Weibchen hat fast genau die Färbung des alten Hühnerhabichts. Das Männchen ist viel kleiner und oberseits schön schiefergrau, hat unten statt der bräunlichgrauen Bänderung des Weibchens eine solche von roströthlicher Färbung, welche in den Seiten sehr reichlich auftritt. Auge, Ständer, Fänge und Wachshaut gelb. Bei Jungen ist die Farbe der letztgenannten Theile grünlich, die Federn rostfarb gekantet. Die Länge des Männchens beträgt etwa 32 cm, seine Flugbreite 60, das Weibchen ist durchschnittlich 38, oft aber bis 40 cm lang, bei 70 bis 75 cm Flugbreite. Verwechselungen mit anderen Raubvögeln können kaum stattfinden, denn sein echt habichtsartiger Bau kennzeichnet ihn vor allen anderen kleineren Verwandten; der lange Schwanz und die kurzen Flügel bedingen, dass der Abstand der Flügelspitzen vom Schwanzende ein ganz bedeutender ist, wodurch er sich von allen übrigen deutschen Raubvögeln geringerer Grösse unterscheidet, da bei ihnen allen die Flügelspitzen dem Schwanzende sehr nahe kommen, oder dasselbe bei einigen Arten sogar überragen; durch dasselbe Kennzeichen ist auch der Hühnerhabicht von allen grösseren Arten zu trennen.

Der Sperber ist in Deutschland überall anzutreffen. Längs der Hecken und Zäune sieht man ihn über die Erde streichen, er holt sich aus Dörfern und Vorstädten, ja selbst mitten aus den Städten vor den Augen von hundert Zuschauern die Sperlinge von den Promenaden, wo sie ihre lauten Concerte in dichtbelaubten Bäumen abzuhalten pflegen, raubt in den entlegensten Wäldern Alles, was er bewältigen kann und ist der Schrecken der Singvogelwelt. Natürlich kann er nicht so starkes jagdbares Wild bewältigen, wie der Hühnerhabicht, aber dafür schlägt er eine solche Menge unserer allernützlichsten und geliebtesten Singvögel, dass er sich den Hass aller Vogelfreunde zugezogen hat. Das bedeutend stärkere Weibchen thut indessen auch ziemlich grossen Vögeln Abbruch. Es schlägt Rebhühner und Tauben, junge Fasanen, eine Menge Drosseln und Lerchen; mehrfach, einmal auch von mir selber, ist sicher beobachtet worden, dass er alte Haushühner bewältigte, welche er nicht (wie sogar noch eine zahme Taube) durch die Luft tragen kann, sondern hinter einen Zaun oder Busch schleift und hier zu kröpfen beginnt. Auch reisst er häufig den klagenden Vogel aus den Dohnen, wie von Riesenthal berichtet, und Hintz hat beobachtet, dass er aus einem Rebhuhnneste ein Ei nach dem anderen davonschleppte! Aus Allem geht hervor, dass der Waidmann ihn auf jegliche Art verfolgen muss, was leider nicht überall nachdrücklich genug geschieht. Oft macht ihn der Hunger tolldreist, so dass er durch Scheiben und offene Thüren schiesst und sich so selbst ins Unglück stürzt; auch lässt er sich beim Kröpfen überraschen und streicht dann wohl vor des Jägers Füssen plötzlich ab, um wie der Blitz aus dem Bereich des Feuergewehres zu entschwinden, was ihm um so öfter gelingt, als er fast immer gänzlich unvermuthet kommt. Kürzlich ging es mir so, als ich unmittelbar vor dem Festungsthore eine Elster erlegen wollte. Ich hatte die Flinte gespannt im Arm, aber der Räuber strich gerade auf einige harmlose Spaziergänger zu und mitten zwischen diesen hindurch, so dass ich unmöglich schiessen konnte. Hinter dem Weidenbusch vor mir hatte er aufgehakt und eine Goldammer gekröpft, wie die herumliegenden Federn und Flügel bewiesen — Kopf und Füsse kleiner Vögel verschluckt er gewöhnlich ganz. Nach dem Uhu kommt der Sperber nur wenig. In Habichtskörben, Stossnetzen und Tellereisen kann man ihn fangen, wenn man nicht zu grosse Vögel als Köder benutzt. Namentlich aber muss man danach trachten, die Horste zu zerstören. Sie horsten meist in geringerer Höhe in dichten Schonungen, besonders der Rothtanne. Der Horst ist häufig ein altes Krähennest oder Hähernest, sonst den ersteren ähnlich gebaut, aber weniger fest. Man findet die Eier meist ziemlich spät im Mai oder in den ersten Junitagen — wenigstens in Norddeutschland. Meist sind es vier bis sechs, selten sieben an der Zahl. Sie messen 43:35 bis 36:29 mm, sind frisch etwas grünlich angeflogen, in der Sammlung weiss und mit meist grossen dunkelbraunen oder rothbraunen Flecken und Punkten geziert, welche nur sehr selten ganz fehlen oder sparsam sind. Das Weibchen soll allein brüten; es ist sehr besorgt um seine Brut und kann häufig am Horst erlegt werden, seltener das Männchen. Vermuthlich kann man ihn auch ähnlich, wie den Hühnerhabicht am Horste fangen. Die Eier werden drei Wochen lang bebrütet. Die Nestjungen sind mit weissen Dunen bekleidet und haben vor anderen jungen Raubvögeln eine sehr lange Mittelzehe voraus.

Auch der Sperber ist das ganze Jahr über bei uns und die hochnordischen beehren uns auch noch im Winter mit ihrer Anwesenheit, die wir ihnen freilich wenig gönnen. Das Männchen scheint gegen Kälte und Schnee empfindlicher zu sein, als das Weibchen und wandert daher eher südwärts — gleichviel, Räuber von der schlimmsten Sorte sind es beide und wir wollen sie mit allen Kräften verfolgen.

Noch nie in Deutschland beobachtet und daher für uns von geringerem Interesse ist der sehr ähnliche Nisus oder Astur brevipes, welcher kürzeren Ständer, stärkeren Schnabel, dunklere Farbe hat und im Südosten u. a. O. lebt und ebenfalls ein gewaltiger Räuber ist.

---

3. Der Thurmfalk oder Rüttelfalk
(Falco tinnunculus, Linné).

Cerchneis tinnunculus, Tinnunculus alaudarius, Gray.

Wer kennt ihn nicht, den schönen, rothen „Wannenweher", den immer beweglichen Rüttelfalken, seiner Farbe wegen oft irrthümlich Röthelfalk genannt? Gesehen hat ihn schon Jeder, aber leider zu oft ist er verwechselt und verkannt! Er ist es, der mit hellem gli, gli, gli um die Thürme schiesst, der alte Burgen und Kirchen zu seinem Wohnsitz wählt. Er ist es, der rüttelnd, d. h. auf einer Stelle flatternd, über den Feldern steht und dann in einem Bogen weiter streicht, um von Neuem zu rütteln. Dies Rütteln hat offenbar den Zweck, das unter ihm liegende Land genauer zu mustern, und häufig stösst er nach dem Rütteln herab, um mit einer Maus in den Fängen davon zu streichen. Er unterscheidet sich namentlich durch dies Rütteln in weiter Ferne von seinen Verwandten. Vom Lerchenfalken kann man ihn an dem längeren Schwanz unterscheiden, auch stürmt der Thurmfalk nicht so reissend schnell dahin, hat nicht diese fast schwalbenartig gebogenen Flügel und fällt häufig durch seine rothe Farbe schon von Weitem auf. Oft genug wird der Thurmfalk aber mit dem Kukuk verwechselt, der bekanntlich auch in rothbrauner Färbung nicht selten ist: doch

Der Thurmfalk oder Rüttelfalk (Falco tinnunculus. Linné)

hat der Falk den dicken Kopf und breiteren Schwanz, das Rütteln und Stossen, woran er bei einiger Aufmerksamkeit erkannt werden kann.

Der alte männliche Thurmfalk ist ein prächtiger Vogel. Die Oberseite ist bei ihm von sehr angenehm rostrother Färbung, im Frühling mit schwachem, sehr lieblichem Lila-Schimmer überhaucht. Diese Farbe ist nur von einigen schwarzen kleinen Flecken unterbrochen. Kopf und Schwanz sind hellbläulich aschgrau, ersterer mit ganz schmalen dunklen Schaftstrichen, letzterer mit breiter, schwarzer, schmal-schmutzigweiss gesäumter Endbinde. Die Unterseite ist röthlich-weissgelb, mit kleinen, an den Seiten etwas grösseren Schaftflecken. Die Schwingen sind schwarzbraun, das Auge graubraun, die Fänge gelb mit schwarzen Krallen. Wachshaut gelb, Schnabel bläulich, nach der Spitze schwarz. Eine ganz andere Farbe hat das Weibchen und die Jungen im ersten Jahre. Die ganze Oberseite, Kopf und Schwanz ist rostroth, viel dunkler als beim Männchen, der Kopf mit schwarzen Längsflecken, der Rücken mit zahlreichen breiten, ebensolchen Querbändern, der Schwanz rothbraun, mit etwa einem Dutzend schwarzer Binden, die letzte sehr breit. Die Unterseite ist dunkler und mit grösseren und zahlreicheren Flecken. Je älter das Weibchen wird, desto geringer wird die Zahl der Flecken auf der Unterseite und deren Farbe reiner, der des Männchens ähnlicher. Auch bekommen sehr alte Weibchen einen aschgrauen Bürzel und einige solche Federränder auf der Oberseite. Die Jungen sind, besonders unten, noch dunkler gefärbt als die Weibchen, sonst ganz wie diese gezeichnet und gefärbt. Männchen etwa 32 bis 33 cm lang, 70 cm klafternd. Weibchen 35 bis 36 cm lang, 77 cm klafternd. Mit dem südeuropäischen Röthelfalken, Falco cenchris, der kleiner ist, kann man ihn bei sonstiger Aehnlichkeit nicht verwechseln, wenn man beachtet, dass der Röthelfalk weissliche, der Thurmfalk aber schwarze Krallen hat.

Der Thurmfalk ist ein weit verbreiteter Vogel; in Deutschland fehlt er keiner Gegend. In Städten sogar in Ostpreussen überwinternd, verlässt er wärmere Striche, wie unser Rheinland, in den meisten oder allen Wintern gar nicht, während er sonst ein Zugvogel ist. Sein Horst wird sehr verschiedenartig angelegt. In Kirchen und alten Burgen brütet er in Mauerlöchern und Spalten, an Festungen in Schiessscharten und zwischen den Balken in den Pallisadenschuppen, in Wesel z. B. in Schiessscharten, inmitten Hunderter von Dohlen. Auch in den Löchern der Felsen bauen die Thurmfalken gern ihren Horst. Auf den canarischen Inseln, wo sie sehr gemein sind, sieht man oft ihre Eier in den Felsen auf kleinen Absätzen in einem kunstlosen Horste liegen, meist geschützt durch überhängendes Gestein. An den Wiesen brütet er in und auf den Kopfweiden, in Wäldern in hohlen Eichen und Kiefern, am häufigsten aber legt er den Horst frei in Bäumen an, theils in dichten Tannen nahe dem Stamm, theils hoch auf alten Eichen und Kiefern, ebenso gern auch bezieht er alte Nester und Horste. Im Jahre 1880 hatte ich einem Mäusebussard seine Eier genommen und fand vier Wochen später in dem Bussardhorste einen Thurmfalken brütend. Der kleine Usurpator hatte die Eier ohne jegliche Veränderung des Horstes an den bequemen Platz gelegt. Auch in Krähennester, ja sogar bisweilen in einen verlassenen Reiherhorst legt er seine vier bis sechs, zuweilen selbst sieben Eier. Diese Eier sind ausserordentlich verschieden gefärbt. Von deutschen Raubvogeleiern sind sie nur denen des Lerchenfalken ähnlich, welche letztere aber gewöhnlich etwas grösser, nicht so roth, sondern mehr braun und mit kleineren Flecken und Punkten gezeichnet sind, auch erst im Juni zu finden sind, während der Thurmfalk gewöhnlich im Mai Eier hat. Die des Thurmfalken sind bald auf weissem, bald auf gelbem Grunde mit rothen oder braunen Flecken und Punkten, bald klein, bald gross bezeichnet. Ein Ei habe ich gefunden, das ganz einfarbig hellziegelroth mit ein paar ganz kleinen schwarzbraunen Fleckchen ist, ein anderes, das auf der einen Hälfte weiss, auf der andern roth und braun aussieht, andere, die kleinen Lerchenfalkeneiern ähneln. Auch in Grösse und Form ändern sie ab, sind bald fast rund, bald ziemlich länglich von 13:31 bis 36:29 mm. Was nun die Nahrung unseres Vogels anlangt, so sind wir hiermit zu einem Gegenstande gekommen, der zwar oft genug besprochen ist, leider aber manchmal ohne Sachkenntniss und Wahrheitsliebe. Denn wer behauptet, dass ein Thurmfalk einen erwachsenen Hasen durch die Luft getragen habe, der kennt entweder keinen Thurmfalk oder hat eine Fata Morgana gesehen. Eine unleugbare Thatsache ist, dass der Thurmfalk grösstentheils von Mäusen lebt, auch mit Vorliebe Insekten fängt. In einem in Homeyers „Reise nach Helgoland" veröffentlichten Verzeichniss der Vögel der nordfriesischen Inseln von der Hand des trefflichen Beobachters Herrn Rohweder lesen wir: „Eine verhältnissmässig zahlreiche Gesellschaft von Thurmfalken horstet seit vielen Jahren in den verwitterten Mauern einer alten Thurmruine auf Pellworm, im Angesichte und hoch über der freien Nordsee. Streiflinge besuchen von hier aus und vom Festlande her regelmässig alle Inseln und Halligen, wohl mehr der jungen Vögel wegen, als der hier so seltnen Mäuse halber. Seine überwiegende Nützlichkeit soll damit nicht in Abrede gestellt werden, aber junge Vögel habe ich ihn öfter fangen sehen und die im Winter hierbleibenden (das ist die Mehrzahl) machen in der Abenddämmerung systematisch Jagd auf die im Mauer-Ephen und in Spalierbäumen übernachtenden alten Sperlinge." Zu diesen Worten Rohweders bemerkt der nicht nur als Forscher, sondern auch als vortrefflicher Jäger bekannte Eugen von Homeyer: „Die ganz veränderten Verhältnisse, unter welchen der Thurmfalk auf Pellworm lebt, müssen auf seine Lebensweise von wesentlichem Einflusse sein. Indessen besteht seine Nahrung nicht allein aus Mäusen, sondern wesentlich auch aus Insekten. Wie selten der Thurmfalke Vögel fängt, möchte daraus erhellen, dass ich in einem halben Jahrhundert nie gesehen habe, dass der Thurmfalk einen Vogel fing, noch je einen Vogel im Magen desselben fand." Dem Urtheile eines solchen Beobachters müssen wir die grösste Wichtigkeit beimessen. Ich selbst bin ein eifriger Raubvogeljäger, ich habe manchen Thurmfalkenmagen untersucht, manchen Horst mit Jungen beobachtet und dem Leben und Treiben des Vogels zugesehen. Mäuse und wieder Mäuse blieben fast seine einzige Nahrung. Im vorigen Herbste wimmelte unsere Rheininsel von Mäusen; täglich sah man — oft sechs Stück nah beieinander — Rüttelfalken beim Mäusefang beschäftigt; freilich blieben nach wie vor noch Tausende von Mäusen da, bis das Hochwasser sie vernichtete. In diesem Jahre habe ich noch keine Maus auf der Insel gesehen, obgleich eine Menge kleiner Vögel in den Weidengebüschen haust, aber Thurmfalken sieht man nicht auf der Insel, nur hin und wieder einen Sperber, bis man ihm einen Wink mit der Flinte gegeben. Darum, liebe Waidmänner, verschliesset nicht eure Ohren und Augen und lasset im Wald und Feld dem hübschen Rüttelfalken das Leben! Etwas anderes ist es im Fasanengehege; ins abgeschlossene Gehege einen Raubvogel einzusperren ist nicht zu verlangen. Wenn einer es wagt, den Zaun zu überstreichen, dann — fort mit ihm. Wenn ich es auch noch nicht beobachtet habe, dass er ein Fasänchen geschlagen, so ist doch die Möglichkeit vorhanden, und — das genügt, wenigstens in der Fasanerie. Daher möge man es verzeihen, wenn an solchen Orten der Thurmfalk geschossen und vertrieben wird, aber in Wald und Flur darf man ihm ruhig Schonung gewähren. — Im Uebrigen sei gesagt, dass man ihm mit Fallen meist vergeblich nachstellt, aber beim Uhu häufig schiessen kann. Wo er nicht verfolgt wird, kommt er häufig durch Zufall zu Schuss, ist im Uebrigen am Horste leicht zu erlegen und verlässt seinen Nistplatz bei wiederholter Wegnahme der Eier oder Zerstörung des Horstes.

4. Der Röthelfalk

(Falco cenchris, Naumann).

Cerchneis cenchris, Falco tinnunculoides.

Dieser Vogel ist in den meisten Kleidern unserm Rüttelfalken sehr ähnlich. Alte Männchen sind auf dem Rücken gänzlich ungefleckt und immer ist der Röthelfalk kleiner als unser Thurmfalk. Sicher zu unterscheiden sind beide durch die Farbe der Krallen, welche bei dem Röthelfalk weisslich, bei dem Thurmfalk schwarz sind. Der Röthelfalk bewohnt alle Länder um das Mittelländische Meer als ständiger Brutvogel, kommt auch noch in Oesterreich, Steyermark, Schweiz häufiger und selbst im südlichen Deutschland einzeln vor. Er brütet in und an Gebäuden, Thürmen, Felsen in allerlei Löchern und Spalten. Seine Eier sind kleiner und dünnschaliger als die des Thurmfalken. Selten genug werden deutsche Jäger mit ihm zusammentreffen und brauchen dann nicht zu fürchten, dass sie einen Feind der Jagd vor sich haben. Der Röthelfalk schlägt besonders Heuschrecken, sodann Käfer, Mäuse, Eidechsen, hin und wieder wohl auch ein kleines Vögelchen. Uebrigens ist der Röthelfalk so vertraut, dass man da, wo man es etwa für nöthig hält, oder ihn zu wissenschaftlichen Zwecken und um ihn kennen zu lernen, erlegen will, leicht an ihn auf Schussweite herangehen und ihn sitzend oder fliegend, wie man will, schiessen kann.

5. Der Rothfuss- oder Abendfalk

(Falco rufipes, Besecke).

Falco rufipes oder respertinus, Cerchneis rufipes, Cerchneis resp.

Auch der Rothfussfalk wird zur Gruppe der Röthelfalken gerechnet, welche wir schon in dem Thurm- und Röthelfalken kennen gelernt haben. Er hat auch eine ähnliche Lebensweise wie jene, namentlich wie der Röthelfalk. Das alte Männchen ist mit keinem anderen Raubvogel zu verwechseln, denn seine Farbe

*) Der Name Rothfussfalk kommt von den rothen Fängen her, welche die Alten — aber nur diese — haben, der Name Abendfalk davon, dass er bis in die Dämmerung munter zu sein pflegt. E. H.

ist ein dunkles Schieferblau, nur am After, Unterbauch, Hosen und Fängen leb-
haft roth. Das alte Weibchen ist lebhaft grau und schwarz gebändert, Kopf,
Nacken*) und Brust braunroth mit dunkelbraunen Schaftstrichen, After und
Unterbauch roth. Fänge mehr rothgelb, Krallen wie beim Männchen weisslich.

Der Röthelfalk (Falco cenchris, Naumann).

Aehnlich sind die Jungen, aber heller, meist gar nicht roth, mehr graubraun,
Unterseite gelblich mit grossen braunen Flecken. Fänge gelblich. Diese Jungen
kommen am meisten in Deutschland vor und werden häufig mit den jungen
Merlin- und Lerchenfalken verwechselt, weshalb ich weiter unten eine genaue
Nebeneinanderstellung der drei Arten geben werde. Er ist unbedeutend kleiner,
als der Thurmfalk.

*) Bei sehr alten Weibchen ganz roth.   E. H.

Ueber die Ausdehnung des Brutgebietes dieses Falken herrscht noch nicht völlige Klarheit. Er bewohnt hauptsächlich den Südosten Europas, Nordostafrika und Mittelasien, auch noch einige Theile Sibiriens, Polen und Russland. Vermuthlich brütet er auch manchmal im östlichen Deutschland. Einige Male ist er in Schlesien schon zweifellos brütend beobachtet, wahrscheinlich horstet er

Der Rothfuss- oder Abendfalk (Falco rufipes, Besek.)

aber auch in Ostpreussen, Weibchen und Junge werden indess so häufig verwechselt, dass ein sicherer Beweis noch nicht vorhanden ist. Einzeln ist er auf dem Herbstzuge schon mehrfach in vielen Gegenden Deutschlands gesehen.

Es war am 10. September 1881 nach mehreren schwülen gewitterreichen Tagen, als ich mich aufmachte, um in die nahe bei Königsberg i. Pr. gelegene Fritzensche Forst zu streifen. An der Waldlisiere trat ich den hier angestellten königlichen Forstaufseher Hillgenberg, einen tüchtigen Jäger, der mir häufig schon bei meinen Forschungen behülflich gewesen. Er forderte mich auf, mit ihm nach seiner auf der anderen Seite des Waldes gelegenen Wohnung zu gehen, dort trieben sich seit heute früh Hunderte von „Zwergfalken" herum, von denen er drei Stück für mich geschossen habe. Voll Erwartung ging ich mit, und es bot sich mir ein seltener Anblick. Auf den nahe der Wohnung stehenden alten Eichen hakten auf den Hornzacken Dutzende kleiner Falken. Ueber den Feldern rüttelten andere wie Thurmfalken, am Waldrande strichen andere hin und her, oft ein fröhliches gi gi gi ausstossend, etwas sanfter und heller, als der Thurmfalk. Bald hatte ich einen der ungemein vertrauten Falken erlegt und war nicht wenig erstaunt, einen jungen Rothfussfalken in der Hand zu haben. Die vertrauten Vögel strichen von den Eichen ab, wenn man einen aus ihrer Mitte erlegte, um nach zwei Minuten wieder dichtgedrängt auf den Hornzacken zu fussen. Bis zum 19. September, also über eine Woche, hatte ich Gelegenheit diese Menge von prächtigen Falken zu beobachten und so viele ich wollte für die Sammlung zu schiessen. Mehrfach habe ich mich ihnen bis auf sechs Schritte nähern können, wenn sie einen grossen Laufkäfer oder eine Heuschrecke kröpfend auf den Chausseebäumen sassen. Sie bissen gewöhnlich die harten Flügeldecken ab und man sah dieselben herunterwirbeln. Ihr Flug ist wenig ungestüm, so dass man sie leichter im Fluge erlegen konnte, als andere Falken. Sie rüttelten viel seltener als Thurmfalken. Bei trübem Wetter waren sie nicht so munter, sondern hakten auf Steinen und Grenzhügeln träge da und strichen nahe über den Erdboden hin, während es bei Sonnenschein ein wahres Vergnügen war, ihnen zuzusehen. In derselben Woche schossen zwei Herren, die gern als Vogelkenner gelten, bei Goldapp nahe der russischen Grenze sechs Stück und priesen ihre Heldenthat, ein halbes Dutzend „schädliche Lerchenfalken" erlegt zu haben! Zur selben Zeit erhielt ich aus anderen Gegenden Ostpreussens, wie Lötzen und Johannisburg, einzelne Abendfalken, theils als „Merline", theils als „unbekannte Raubvögel", einen sogar — horribile dictu — als Kukuk! Alle diese Falken waren wunderbarer Weise Junge, wenigstens sah ich nur junge Männchen und Weibchen und habe nicht in Erfahrung bringen können, dass ein einziger alter Vogel beobachtet worden sei. Man sah sie nur Heuschrecken, Laufkäfer, Mistkäfer, Eidechsen und dergleichen fangen. In den Magen der vielen Exemplare, die ich in Händen hatte, fand ich nur Insecten, mehrere Eidechsen und ein einziges Mal eine Maus. Die Beobachtungen sämmtlicher Reisenden, auch am Brutplatz, beweisen ihre grosse Nützlichkeit, namentlich als Heuschreckenvertilger. — Als ich im Frühjahr 1882 die südlichen und östlichen Theile Ostpreussens bereiste, traf ich auf dem schönen Gute des Herrn Neumann im Kreise Darkehmen wieder Rothfussfalken an, die ich am 9. und 10. Mai mit Herrn N. beobachten konnte. Es waren fünf Weibchen und ein Männchen. Auf meine Bitte wurden sie geschont und ich sah am 10. das herrlich roth und blaue Männchen eines der Weibchen treten; ich hoffte, diese Vögel beim Brutgeschäft beobachten zu können, doch erfüllte sich meine Hoffnung leider nicht. Sie haben bald darauf die Gegend verlassen, wahrscheinlich um in der Nähe, vielleicht an stillerem Plätzchen, zu horsten. Im vergangenen Jahre habe ich Nichts über unseren Vogel in Erfahrung bringen können. Die Rothfussfalken horsten frei auf

Bäumen, am liebsten in alten Elsternestern oder dergleichen, sollen auch wohl in grossen Baumlöchern brüten. Die Eier sind meist nur von gewiegten Oologen — manchmal aber auch gar nicht — von denen des Thurmfalken u. a. zu unterscheiden, so dass eine genauere Auseinandersetzung darüber nicht an diesen Ort gehört; in der Regel sind sie indess etwas weniger umfangreich.

Nachdem ich nun die nützlichen, hinsichtlich ihrer Kühnheit weniger edlen, darum aber ebenso schönen Röthelfalken dem Leser vorgeführt habe, komme ich zu den echten Edelfalken und beginne mit dem kleinsten von ihnen, dem Merlinfalken.

6. Der Merlin oder Zwergfalk
(Falco aesalon, Linné).

Auch wohl Falco caesius und Falco lithofalco. — Das alte Männchen ist oben schön graublau mit schwarzen Schaftstrichen und breiter solcher Schwanzendbinde, unten gelblich mit braunen Längsflecken. Iris braun, Schnabel bläulich. Fänge und Wachshaut gelb. Das Weibchen bekommt im höheren Alter die Rückenfarbe des Männchen, ähnelt sonst aber den Jungen. Die Jungen sind denen des Lerchenfalken ähnlich, so dass sie öfter verwechselt werden. Ich stelle daher die Beschreibungen der Jugendkleider der drei ähnlichen Arten wie folgt nebeneinander.

Junger Merlin.

Oberseite hellbräunlich grau, mit wenig auffallenden braunen Federsäumen und deutlichen dunkeln schmalen Schaftstrichen.
Kehle und Halsseiten weiss, erstere schwach, letztere stark braun gestrichelt.
Schwingen auf der Unterseite bräunlich und weisslich.
Untere Flügeldeckfedern lebhaft braun und weiss.
Unterseite weisslich mit lebhaft braunen Längsflecken.
Hosen weiss mit schmalen braunen Längsflecken.

Junger Abendfalk.

Oberseite mehr dunkelgrau, aber mit breiten hellbraunen Säumen.
Kehle und Halsseiten weiss, ungefleckt.
Schwingen auf der Unterseite schwarz und weiss.
Untere Flügeldeckfedern braun und gelb.
Unterseite weisslich gelb mit grossen mattbraunen Längsflecken.
Hosen weisslich, ungefleckt.

Junger Lerchenfalk.

Oberseite schwarzgrau mit deutlichen, aber sehr schmalen hellbraunen Säumen.
Kehle und Halsseiten gelblich, ungefleckt.
Schwingen auf der Unterseite schwärzlich und bräunlich.
Untere Flügeldeckfedern schwärzlich und bräunlich.

Unterseite bräunlichgelb mit schwärzlichen Längsflecken.

Hosen hellbraun mit schwärzlichen Längsflecken.

Der Flug des Merlin ist auffallend, erinnert manchmal an den Sperberflug; von dem des Lerchenfalken ist er durch die etwas kürzeren Flügel — welche vom Schwanzende etwa 3 cm abstehen — längeren Schwanz, kürzere Gestalt und

Der Merlin oder Zwergfalk (Falco aesalon. Linné).

hellere Farbe zu unterscheiden und ist auch nicht ganz so fluggewandt. Vor den drei Röthelfalken zeichnet er sich durch rapideren Flug — auch noch etwas vor dem Sperber durch seine Schnelligkeit im Dahinstreichen — aus und rüttelt niemals. Seine Länge beträgt im Durchschnitt 29 cm bei etwa 60 cm Klafterung.

Die eigentliche Heimath, d. h. die Gegend, in welcher unser Falk zu horsten pflegt, ist der hohe Norden. Ausnahmsweise mag er auch südlicher horsten und soll schon im nördlichen Deutschland horstend beobachtet sein. Er horstet auf Felsen und Bäumen und legt ziemlich spät gewöhnlich vier Eier, welche den Thurmfalkeneiern in Färbung und Grösse sehr ähnlich sind, meist aber ziemlich dickbauchig und dunkel. — In Deutschland zeigt er sich mehr im Herbst auf seinem Durchzuge nach Nordafrika, als auf der Rückreise im März und April und bleibt auch wohl im Winter bei uns. Wir müssen diesem kühnen kleinen Räuber eifrigst nachstellen, da er selbst binnen kurzer Zeit eine Menge nützlicher Vögel schlägt. Selbst die gewandtesten Flieger schlägt er im Fluge. Namentlich Lerchen, Staare, Becassinen, Bachstelzen und Pieper und dergleichen haben viel von ihm zu leiden. Seine Stimme klingt hell und scharf, wie ki ki ki ki.

Von einer Jagd auf ihn kann nicht viel die Rede sein, da er nicht häufig ist und vorsichtig wie alle Edelfalken. Doch wird er öfter auf der Krähenhütte erlegt. Zufällig kommt er manchmal im freien Felde oder im Busche zu Schuss, z. B. auf der Schnepfensuche im Herbste und im Frühjahr, wo es denn freilich schnell schiessen heisst, wenn man des Räubers habhaft werden will.

7. Der Lerchenfalk.
(Falco subbuteo, Linné).

Baumfalk, Weissbäckchen, Hypotriorchis subbuteo.

Dieser schöne, aber äusserst schädliche kleine Edelfalke ist im Fluge an seinen fast schwalbenartig gebogenen, langen Flügeln kenntlich, kleiner als der Wanderfalk, grösser, langflügliger und kurzschwänziger als der Merlin.

Die Alten sind oben schön schieferschwarz, ebenso ein Bartstreifen, der scharf abgesetzt über die Backe herabläuft, welche nebst Kehle, Vorderhals und Halsseiten rein weiss ist. Unterseite weiss mit schwarzen Längsflecken. Hosen und Aftergegend rostroth. Die Flügel überragen ein wenig den Schwanz. Schnabel bläulich, Iris braun, Wachshaut gelb, Fänge gelb, Krallen schwarz. Die Beschreibung der Jungen siehe beim Merlin. — Länge 31, Flugbreite 76 cm.

Der Lerchenfalk lebt im grössten Theile Europas, vom mittleren Schweden bis nach Griechenland hin; auf den griechischen Inseln und in Nordafrika wohnt der grössere und mehr braune, düstere Eleonorenfalk, welcher gegen den Herbst, wenn die Schaaren der Zugvögel den Orient durchziehen, horstet und unter den zahllosen Wandervögeln gewaltig aufräumt. Unser Lerchenfalk zieht im September und Oktober wärmeren Gegenden zu und kehrt erst mit den Schwalben wieder. Noch weit später horstet er. Ich habe noch in den letzten Junitagen schwach bebrütete Eier gefunden. In anderen Gegenden mag er in Felsen horsten, in Deutschland findet man seinen Horst auf meist sehr hohen Bäumen, gerne auf Kiefern und Eichen, aber nicht im Inneren zusammenhängender Forsten, sondern am Rande derselben und in Vorhölzern. Auch er benutzt wie fast alle Raubvögel gerne seinen vorjährigen Horst, welcher durch erneuten Ausbau oft sehr gross wird; sonst ist er nicht so umfangreich, häufig auch ein alter Gabelweihenhorst, oder hoch angelegtes Krähennest.

Seine drei bis vier, seltener fünf Eier sind gewöhnlich heller, grösser, gelblicher und mehr fein punktirt, als die der Thurmfalken, manchmal aber diesen

Der Lerchenfalk (Falco subbuteo Linné).

sehr ähnlich. Sie messen 47 : 35 bis 42 : 32 mm. Der edle Falk zeigt eine ausserordentliche Liebe zu seiner Brut. Ein Weibchen, das ungefähr seit acht Tagen brütete, sass schon so fest im Horste, dass es denselben erst verliess, wenn wir in den Horst schossen, welcher die Schrote nicht durchliess. Dreimal wurde es an einem und demselben Tage auf diese unhöfliche Art und Weise von seinen Eiern vertrieben, und alle drei mal wurde es gefehlt, da es von dem äusserst hohen Horste sich so blitzschnell und so geschickt durch Geäst und hinter Stämmen fortstürzte, dass der Schuss ein äusserst schwieriger war. Nach dem dritten Male wurde ein Kletterer hinaufgeschickt, um die Eier zu holen; da kamen beide Alten schreiend heran und umstrichen den Kletterer; das Männchen war weniger muthig, konnte aber doch in grosser Höhe schwebend erlegt werden. Ohne sich um das herabstürzende Männchen zu kümmern, hakte das Weibchen auf einer nahen Kiefer auf und sah von hier aus der Wegnahme der Eier so angstvoll und aufmerksam zu, dass es fast unterlaufen und erlegt wurde. Diese treue Aufopferung des muthigen Elternpaares zwang uns Allen Bewunderung ab, aber wir waren doch herzlich froh, die Flur von der schädlichen Räuberfamilie befreit zu haben. Ein anderes Mal wurden zwei noch kaum völlig flugbare und ganz unerfahrene Junge in der Nähe eines Horstes geschossen, als das Weibchen auf die Schüsse heraustrich und ebenfalls ein Opfer seiner Mutterliebe wurde.

Man sieht also, dass der Baumfalk am Horste vortrefflich vertilgt werden kann; sonst kommt er wohl einmal zufällig zu Schuss, da er zuweilen vom Hunde oder gar vom Jäger selbst aufgejagte Lerchen und andere Vögel schlägt. Wüthend stösst er auf den Uhu und kann daher leicht aus der Krähenhütte erlegt werden, zumal er auch auf den Krakeln fusst.

Die Nahrung besteht fast nur aus Vögeln, nebenbei auch aus einer Menge Libellen und ähnlicher Insecten, die er fliegend noch in der Dämmerung verfolgt. Vermöge seines blitzschnellen Fluges wird er selbst den Schwalben gefährlich, die eine entsetzliche Furcht vor ihm haben und ihm immer die Höhe abzugewinnen suchen; ausser einer Unmenge Lerchen und Schwalben und anderen schönen, nützlichen Vögeln fallen ihm auch manche jagdbare Vögel zur Beute, namentlich Wachteln und junge Rebhühner, Becassinen und Wasserläufer, Krammetsvögel und Regenpfeifer, welche er alle — wie jeder Edelfalke — fliegend schlägt. Es ist daher dem Jäger nicht nur aus Interesse für die liebe Vogelwelt, sondern auch aus jagdlichen Gründen geboten, diesen Räuber eifrig zu verfolgen, was, wie oben angegeben, namentlich am Horst geschehen kann. Dass er in gewöhnlichen Fallen sich nicht fängt, ist klar, weil man solche schlechterdings nicht mit fliegenden Vögeln ködern kann.

Seine Stimme klingt hell und laut, wie „gät, gät, gät," am Horste aber schneller hintereinander, hastiger, etwa wie „gick, gick, gick".

8. Der Wanderfalk, Taubenfalk

(Falco peregrinus, Linné.)

Falco communis, Gmelin.

Er wird mit einer Menge oft recht schlechter Namen belegt: „Taubenstösser" — so werden auch andere Arten, namentlich der Hühnerhabicht, genannt. „Blaufuss" ein recht verkehrter Name, weil er nur in der Jugend hellgrünlichblaue Fänge hat. „Schwarzbacken" — passt ebenso auf den Lerchenfalken, welcher ganz ähnlich einen schwarzen Backenstreifen hat auf weisser Wange, dafür aber „Weissbäckchen" getauft ist; wenigstens müsste man, um Missverständnissen vorzubeugen, sagen: grosser und kleiner Schwarzbacken oder Weissbacken; aber man bemühe sich doch, die in Büchern gebräuchlichen Namen zu be-

Der Wanderfalk, Taubenfalk (Falco peregrinus, Linné).

nützen, Wanderfalk und Lerchenfalk, Namen, welche Jeder versteht, der eine Ahnung von Vogelkenntniss hat.

Zu verwechseln ist der Wanderfalke nur in weiter Ferne fliegend mit dem viel kleineren Lerchenfalken, sonst, abgesehen von einigen ähnlichen in Deutschland selten oder gar nicht vorkommenden Arten mit keinem anderen Vogel. Man erkennt ihn stets als echten Falken und seine Grösse schützt ihn vor Verwechselung mit seinen schon besprochenen kleineren Verwandten.

2*

Der Wanderfalk ist im Alter oben blaugrau, auf Kopf und Nacken am dunkelsten, mit schwarzen Schattstrichen und Querbändern auf dem Rücken; Kehle und Hals schneeweiss, ein schöner, breiter, schwarzer Backenstreif, Brust meist mit röthlichem Schimmer, oberhalb mit kleinen, schwärzlichen Längsflecken, weiterhin nach unten mit zahlreichen schwarzen Querflecken. Schwanz wie der Rücken aber mit schwarzen Querbinden. Iris braun, Fänge gelb, Wachshaut gelb, Schnabel schwärzlich und bläulich. — Die Länge des Männchens beträgt etwa 38 cm bei 95 cm Klafterung, die des Weibchens 48 bei 115 Klafterung; wie man sieht, also ein erheblicher Unterschied in der Grösse zwischen beiden Geschlechtern.

Das Gefieder ist sehr knapp und fest, besonders auf der Brust. Hierdurch zeichnen sich übrigens alle Edelfalken vor den weichfedrigen Bussarden, Weihen und Milanen aus. — Ein ganz anderes Aussehen, als die Alten, haben die Wanderfalken im Jugendkleide. Die Oberseite ist bei ihnen dunkelbraun mit hellen Federsäumen, welche am Bürzel besonders breit zu sein pflegen. Die Unterseite ist gelblich mit braunen Schattflecken, die in den Seiten grösser sind, nach der Kehle zu aufhören. Schwanz von der Rückenfarbe mit hellen Querbinden. Wachshaut und Fänge sind hellgrünlichblau, die Farbe des Auges etwas dunkler, als bei den Alten. Der Backenstreif ist deutlich und braun. Der Wanderfalk ist einer der wenigen Vögel, die fast auf der ganzen Erde vorkommen. In Nordafrika wohnt eine sehr ähnliche, aber doch selbstständige Art, in anderen Gegenden sehr nahe stehende Formen, über deren Artrechte verschiedene Ansichten herrschen. Er ist in ganz Europa heimisch, in vogelreichen und menschenleeren Gegenden am häufigsten, in bewohnteren Strichen sparsamer. Auch deutsche Stücke variiren, namentlich in der Grösse und Ausdehnung des Weiss auf der Unterseite, ziemlich stark. — von Meyerinck nennt ihn von März bis Oktober sehr vereinzelt. Wenn damit gesagt sein soll, dass er selten sei, so ist es nicht für alle Gegenden richtig, passt aber insofern, als der gewaltige Räuber ein grosses Gebiet beansprucht, und daher ein Horst von dem anderen ziemlich weit entfernt ist. Wenn aber in Vogelschutzblättern gesagt wird, es sei schwer in deutschen Landen eines Wanderfalken habhaft zu werden, und das Schiessen der Raubvögel, welche meist „nützliche Bussarde" seien, den Jägern zum Vorwurf gemacht wird, so müssen wir sagen, dass wir besser unterrichtet sind und die Raubvögel besser kennen, als der Herr Vogelschutzler.

Ich kann versichern, dass der Wanderfalk in allen ausgedehnten Waldungen Norddeutschlands horstet. In Hannover, Schleswig und Holstein einzeln, in der Mark, in Pommern, Ost- und Westpreussen, Schlesien, Hessen, Bayern, Sachsen. Im Harze noch horstet er, wie im Norden in der Regel, auf Felsen, in Moorgegenden häufig auf dem flachen Boden der Moore, in Deutschland aber, wo es, wie in der norddeutschen Ebene, keine Felsen giebt, findet man den Horst einzig und allein auf Bäumen, vorzugsweise auf Kiefern. Nicht immer wählt er die allerhöchsten Bäume, aber er liebt es, freie Stellen zum Abstreichen zu haben und baut daher meist an lichteren Forstorten, oft auf ziemlich allein stehenden alten hohen Kiefern, oder am Waldrande. Meist schon früh im Jahre, zuweilen noch Ende März, gewöhnlich aber im April findet man die Eier. Es sind nicht immer nur drei an der Zahl, sondern sehr häufig auch vier Stück, wie ich es selber wiederholt gefunden habe; die Eier sind auf rothem oder gelbem Grunde braun gefleckt und punktirt, oft ganz braunroth oder gelbbraun. Sie ähneln in der Farbe den Thurm- und Lerchenfalkeneiern und variiren sehr in der Grösse. Häufig sind sie wie mässige Hühnereier, meist aber rundlicher und dicker und messen von 55 : 42 bis 46 : 40 mm. — Die Elternliebe ist gross. Auch in den neuesten Schriften, wie Brehm und Riesenthal, welche ich nenne, weil sie der Jägerwelt bekannter zu sein pflegen, als andere Werke, finde ich die von Alters her gemachte Angabe, dass das Weibchen allein brüte und während dieser Zeit vom Männchen mit „Futter" versorgt werde. Wo diese Angabe auf eigener Beobachtung beruht, ist sie möglicherweise an einer anderen Form oder Art des Wanderfalken in anderen Gegenden gemacht, mancher Schriftsteller hat sie wohl auch seinen Vorgängern entlehnt. Die Wanderfalkenpaare, die ich in den Wäldern der deutschen Ebene beobachtete, brüteten gemeinschaftlich. Ich habe wiederholt Männchen vom Horste gejagt und zwar gewöhnlich in den Mittagsstunden und am Vormittag. Ich habe Männchen im Abstreichen von den Eiern geschossen, wenige Stunden darauf das Weibchen, und habe Paare bekommen, von denen zuerst das Männchen, dann das Weibchen am Horste erlegt ist.

Auch habe ich wohl gesehen, dass sich das Männchen in Schwenkungen in hoher Luft herumtrieb und seine laute Stimme hören liess, während das Weibchen brütete, aber niemals bemerkt, dass ersteres dem Weibchen seinen Raub zugetragen hat; hiervon hätten sich auch deutliche Spuren in der Nähe oder am Horste selbst finden müssen; ich habe eigenhändig Horste untersucht, ohne dergleichen finden zu können. Ich hoffe bald noch Wanderfalkenhorste besuchen zu können und werde meine weiteren Beobachtungen gelegentlich mittheilen. Vorläufig rathe ich jedem Waidmann, nicht sich zu begnügen, einen Falken vom Horste zu schiessen, sondern den Horst am selben Tage wieder zu besuchen, um die andere Ehehälfte zu erlegen. Die Beobachtung wird durch die sehr verschiedene Grösse der Gatten sehr erleichtert; das Weibchen ist, wie aus den oben angegebenen Maassen ersichtlich, bedeutend grösser; am übrigens bei einem geschossenen Vogel, dessen Geschlecht am Gefieder nicht kenntlich genug ist, ins Reine zu kommen, kann Jeder leicht durch Aufschneiden des Vogels sich vom Geschlechte überzeugen. Die beiden Hoden des Männchens liegen gleichmässig rechts und links am oberen Theile der Nieren und sind zwei länglich runde gelbliche Kugeln die im Frühjahr sehr dick, sonst aber nur klein sind; der Eierstock des Weibchens liegt rechts am oberen Theile der Nieren und ist traubenförmig, aus lauter kleinen gelblichen Eiern bestehend. — Die Wanderfalken, Männchen sowohl als Weibchen, brüten sehr fest und lassen sich erst durch tüchtiges Anschlagen an den Stamm zum Abstreichen bringen, wo dann der Schuss durchaus nicht leicht zu sein pflegt. Ebenso anhänglich sind beide Eltern an die Jungen, welche oft noch wenig flugbar sich den Gefahren der bösen Welt aussetzen; erlegt man ein Junges, so streichen häufig die Alten heran, ja sie kommen auf Schüsse herbei, die auf andere Thiere in der Nähe der Jungen abgefeuert werden und einmal passirte es mir, dass einer angstvoll schreiend über mir in einer Kiefer aufhakte und ich ihn ohne Mühe herabschoss. Ueber den Horst bemerke ich noch, dass derselbe nicht gross ist, wenn der Falk ihn selbst erbaut hat, wird aber jahrelang benutzt, ist flach, wenig ausgefüttert, oft ein alter Milanen-, Raben-, Krähen- und Reiherhorst, welche gewöhnlich gar nicht verändert werden; sonst benutzt er zur Ausfütterung Gras und andere Stoffe, wohl auch Lumpen, wenn anders nicht ein alter Milanenhorst mich getäuscht hat, was möglich, aber nicht wahrscheinlich war. — Unter dem Horste, in welchem sich Junge befinden oder befunden haben, kann man eine ganze Sammlung von Flügeln, Knochen, Ständern und Köpfen machen. Namentlich findet man eine Menge Reste von Eichelhähern und Krähen, Tauben, Enten, Lerchen, Kiebitzen, auch fand ich einmal Birkhuhnreste, Haselhuhn, ein Haushuhn, Mandelkrähen, Schnepfe, Rebhühner und vieles Andere. Enten, Tauben, Hühner und Krähen haben furchtbar von ihm zu leiden. Er schlägt weit mehr, als er für sich bedarf, weil er jedem Gabelweih' oder Bussard seine Beute überlässt. Diese Vögel belästigen den stolzen Räuber so lange, bis er seinen Raub fallen lässt; Brehm beobachtete, dass einer binnen wenigen Minuten drei Enten schlug und den am Boden herumlungernden afrikanischen Milanen zuwarf, und erst mit der vierten davonstrich.

Der Schaden, den uns der Wanderfalk an jagdbarem Geflügel aller Art zufügt, ist so bedeutend, wie überhaupt ein Vogel ihn anrichten kann. Die Jagd ist am Horste natürlich am wirksamsten. Wenn man ein kleines Tellereisen in den Horst legt und die Eier am Teller befestigt, kann man ihn fangen. Auch stösst er hartnäckig auf den Uhu und fasst auf den Krakeln, ein Moment, welcher benutzt werden muss, weil er in seinem pfeilschnellen und wechselnden Fluge nicht allzuleicht zu schiessen ist. Wenn man seinen Nachtstand kennt, ist er hier schon eher zu erlegen, als die kleinen Arten, doch ist es immerhin nicht leicht, ihn zu entdecken, da er meist im Nadelholz oder dichten Laubbaum nächtigt und kaum zu sehen ist. — Im Winter sind nur wenige bei uns, wahrscheinlich hochnordische, die Mehrzahl bringt die kalte Jahreszeit im wärmeren Erdtheil zu und kehrt zeitig im Jahre zurück.

Interessant ist, was Brehm uns erzählt, dass in einigen Gegenden Grossbritanniens die Jäger den Wanderfalken schonen, weil sie glauben, dass seuchenartige Krankheiten unter ihrem Federwild daher rühren, dass kein Raubvogel die kranken und schwachen Stücke beseitigt, und nicht Kampf und Sorge um ihr Leben sie stählt und kräftigt; es hat dies entschieden etwas für sich — setzt man doch Hechte in den Karpfenteich, um die trägen Insassen aufzurütteln; aber in deutschen Landen wird es kaum Gegenden geben, in denen die Sache auf ähnlichem Punkte steht, wie in einigen Theilen Englands, und wenn auch der Falke noch so stolz und schön ist und wir ihm eine gewisse Bewunderung nicht versagen können, so sind wir dennoch nicht nur berechtigt, sondern in jagdlichem Interesse sogar gezwungen, diesen furchtbaren Räuber mit allen waidmännischen Mitteln zu verfolgen.

9. Der Würgfalk
(Falco lanarius, Pallas)

Der Würgfalk (Falco lanarius, Pallas).

Mit dem Wanderfalken im Jugendkleide leicht zu verwechseln und oft genug verwechselt ist der Würgfalk. Schon seine Namen zeugen davon, dass er vielfach missgedeutet wurde. Der ältesten wissenschaftlichen Beschreibung des Naturforschers Pallas steht der Name lanarius voran, und an ihm müssen wir uns halten, deutsch etwa „Würgfalke". Man hat aus alten Falkenbüchern u. a. vor-Linné'schen Scripturen alle erdenklichen Namen hervorgesucht, ohne dass klare Beschreibungen vorhanden waren, daher die Namen: Lanner, Sackhr, Schlechtfalk, Raro, Sternfalk, Falco saqr, sacer, cyanopus (d. h. Blaufuss! wieder einmal!) rühren, und lanarius ist in das sprachlich correctere laniarius verwandelt.

Im Fluge soll er sich durch gestreckteren Körper, längeren Schwanz, stärker ausgebauchte Flügel und noch schnelleren Flug vom Wanderfalken unterscheiden, wodurch er dem Lerchenfalken nahe kommt. Vom jungen Wanderfalken ist er namentlich dadurch sicher zu unterscheiden, dass die Flügelspitzen bei Weitem nicht das Schwanzende erreichen, während sie beim Wanderfalk fast mit einander abschneiden, und dass die Mittelzehe ohne Kralle kürzer als der Ständer (Tarsus) ist. Die Oberseite ist fahlbraun, mit roströthlichen Säumen, die grossen Handschwingen dunkelbraun, auf der Innenfahne mit deutlichen, rundlichen, röthlichen und weissen Flecken geziert, ebenso die Schwanzfedern mit Ausnahme der mittleren auf der Aussen- und Innenfahne mit rundlichen und länglichrunden, röthlichen und weissen Flecken, welche für den Vogel charakteristisch sind. Die Unterseite ist weisslich mit braunen Längsflecken, Kinn und Kehle weiss. Ständer, Fänge, Wachshaut gelb oder grünlichgelb. Das Männchen ist schwächer, auf dem Kopfe lebhafter röthlich, die Jungen sind dunkler und haben hellblaue Fänge, Ständer und Wachshaut.

Die Länge des Würgfalken beträgt 50 bis 54 cm, die Breite etwa 115 bis 135 cm.

Dieser starke Räuber fügt dem Wilde ohne Zweifel noch bedeutenderen Schaden zu, als der Wanderfalke, ist aber in Deutschland eine seltene Erscheinung. Er ist horstend bei Prag und in Polen beobachtet, in Oesterreich und Ungarn namentlich von Kronprinz Rudolf von Oesterreich. Seine Heimath ist vorzugsweise Südosteuropa und erstreckt sich bis tief nach Asien hinein. Er ist nicht so scheu, als sein Verwandter, daher leichter mit Feuergewehr zu erlegen, sein Flug aber soll pfeilschnell sein. Von den Falknern wurde er sehr geschätzt. Ihm sehr ähnlich ist ein in Deutschland noch nicht geschener Edelfalk, der

Feldeggsfalke
(Falco Feldeggi, Schlegel; Falco tanypterus, Lichtenst.),

welcher sich fast nur durch geringere Grösse, mehr röthliche Unterseite, deutliche Querbinden statt der rundlichen Fleckung an Schwung- und Schwanzfedern und seine Verbreitung vom Würgfalken trennen lässt, ihm in den Verhältnissen von Schwanz und Flügeln, Fängen und Ständern aber gleicht. Er wohnt in Dalmatien, Nord- und Ostafrika bis nach Abyssinien hinab und ist ein ebenso gewaltiger Räuber wie jener, welcher in bewohnten Gegenden nicht geduldet werden kann. Ebenso wie der Vorige horstet er meistens auf Bäumen und legt wie jener Eier, welche denen des Wanderfalken gleichen. Auch er wurde als Beizvogel hochgeschätzt und wird noch heutigen Tages in Afrika zur Jagd verwendet.

10. Die Jagdfalken

Noch stärker und schöner als alle bisher genannten Falken sind die hochnordischen Jagdfalken. Kaum mag sich ein anderer Vogel mit ihnen an einfacher Schönheit und stolzem Muthe messen können. Sie sind so recht geschaffen

Die Jagdfalken.

für den kalten Norden; ihr Gefieder gleicht den Schneegefilden und den blauen Eisbergen, scharf und klar dringt ihr Ruf durch Sturm und Wogendonner. Kein Wunder, dass die stolzen Vögel von den Rittern so hoch geschätzt wurden, und die Jagd mit Falken, einmal bekannt, so ungemein beliebt wurde. Bei den deutschen Jägern herrscht jetzt nur wenig Interesse für die grossen Falken; die Beize wird nicht mehr betrieben, und es ist sehr die Frage, ob jetzt noch ein nordischer Falk sich bisweilen nach Deutschlands Küsten verfliegt. Zwar hört und liest man zuweilen von der Erlegung eines Jagdfalken. So berichtete Herr Hinzmann, am 4. Dezember 1880 einen Jagdfalken bei Heiligenbeil in Ostpreussen erlegt zu haben, aber aus der Beschreibung wird es klar, dass der Vogel eine Korn- oder Wiesenweihe gewesen ist, und auf Korn-, Wiesen- oder Steppenweihen, manchmal auch auf weisse Bussardvarietäten oder Wanderfalkenweibchen sind die Berichte von bei uns geschossenen Jagdfalken zurückzuführen, wenn nicht eine genaue Feststellung der Art des Vogels stattfindet — was leider gewöhnlich nicht geschieht. Es würde meistens genügen, Flügel, Fänge oder Kopf an einen Vogelkundigen zu schicken, besser freilich den ganzen Vogel, damit derselbe eventuell der Wissenschaft erhalten werden kann.

Das Brutgebiet der Jagdfalken ist der hohe Norden. Hier horsten sie auf Felsen, gern hoch über dem freien Meere, in Vogelbergen, wo die Tausende von Seevögeln ihre Nahrung bilden, wohnen aber auch weiter im Lande, und schlagen Schneehühner, Tauben, nach Radde eine Menge Eichhörnchen. Sie wandern nicht regelmässig, sondern verlassen ihren Wohnort nur dann, wenn sie absolut keinen Raub mehr erlangen können, ziehen aber auch dann nur so weit südlich, als die Seevögel gezogen sind, die ihnen zur Nahrung dienen.

Ihre drei bis vier Eier sind gefärbt, wie die anderen Falkeneier, aber grösser und daher trotz ihrer grossen Verschiedenheit kenntlich. Gewöhnlich nimmt man zwei oder gar drei verschiedene Arten an, die einander sehr ähnlich sind. Eugen von Homeyer, welcher sehr auf die strenge Scheidung verwandter Arten hält, sofern sie wirklich ständig unterscheidbar sind, besitzt in seiner enormen Sammlung eine staunenswerthe Menge von Jagdfalken aus den verschiedensten Gegenden und in den verschiedensten Kleidern. Seinem in Brehm's Thierleben abgegebenen Urtheile ist daher die grösste Wichtigkeit beizulegen. Er sagt daselbst: „Was die drei gewöhnlich angenommenen Arten der nordischen Jagdfalken anlangt, so vermag ich nach sorgfältiger Untersuchung einer grossen Anzahl derselben sie nicht zu unterscheiden, nicht einmal die jungen Gerfalken von jungen Jagdfalken zu trennen. Die mehr oder weniger weisse Färbung des Jagd- und Polarfalken beruht meiner Meinung nach auf Verschiedenheit des Alters und der Oertlichkeit, vielleicht auch des betreffenden Vogels selbst, die Längsfleckung und Querbänderung offenbar auf dem verschiedenen Alter allein. Die Eier aller drei genannten Arten sind sicherlich nicht zu unterscheiden. Auch ich glaube daher, dass man nur eine einzige Art Jagdfalken annehmen darf." Viele Forscher theilen diese Ansicht, manche aber trennen drei, viele nur zwei Arten. —

Der Jagdfalk.
(Falco candicans, Gmelin)

Groenländischer, Polarfalk, Falco (Hierofalco) Islandicus, arcticus, Groenlandicus,
ist im Alter ganz weiss, mit kleinen schwarzbraunen Punkten und Flecken am
Ende oder in der Mitte der Federn, welche bei sehr alten Vögeln sehr klein
und vereinzelt werden. Das Auge ist braun, Wachshaut und Fänge gelb, der
Schnabel gelblich und bläulichgrau. Junge Vögel scheinen dunkler zu sein, auf
der Brust schwärzlich längs gefleckt, auf dem Rücken bräunlich grau, mit
hellen Federsäumen, Fänge und Wachshaut bläulich.

Der Gerfalk, norwegische Jagdfalk
(Falco gyrfalco, Schlegel)

Falco Norvegicus, Hierofalco Gyrfalco,
ist immer auf der Unterseite schmutzig weiss mit Längsflecken, in den Seiten quer-
fleckig und oben dunkel schieferfarben, fast wie ein alter Wanderfalk, aber alles
so variabel, dass eine sichere Unterscheidung nicht möglich scheint. Fänge in
der Jugend bläulich, im Alter gelb.

Die Länge des Weibchens beträgt bis 60 cm, die Breite bis 126 cm, das
Männchen ist schwächer. Mögen es nun verschiedene Arten, oder eine und dieselbe sein, dem Jäger werden sie unter allen Umständen gewaltigen Schaden
zufügen, wenn sie sein Jagdgebiet besuchen, und er wird sich ihrer alsbald zu
entledigen suchen. Freilich sind es vorsichtige Vögel mit pfeilgeschwindem
Fluge, nicht aber mövenartig schwebendem, wie die später zu besprechenden
Weihen. Am Horste zeigen sie sich sehr aufopfernd und kühn und sind leichter
zu erlegen. Fangen kann man sie wie andere Falken in dem erhöhten „Falken-
stoss", bei welchem sich der seitwärts stossende Falk in dem hohen senk-
rechten, lose gestellten Netzwerk verwickelt, nicht aber lässt er sich mit Eisen
bethören, da er nicht auf den Boden niederstossen kann.

II. Der Mäusebussard
(Buteo vulgaris, Bechstein),

Mauser, Mausefalk, gemeiner Bussard, Falco buteo, Linné,

Dieser Bussard ist unser gemeinster Raubvogel. Man sollte glauben, ihn
müsse jeder Jäger kennen, aber er wird leider oft genug verwechselt. Es ist
schwer, Kennzeichen zu geben, welche ihn von allen anderen Arten sondern.
Das Beste ist, man lässt sich von einem Kenner den Bussard zeigen und merkt
sich den Bau der Fänge und des Schnabels, sowie das übrige Aussehen — die
Farbe braucht kaum berücksichtigt zu werden, denn von fast rein schwarz bis
fast weiss, gelb, braun giebt es so viele Varietäten, dass man nicht viele Exemplare finden wird, die einander völlig gleichen. Wesentlich ist, dass das Auge
stets braun, bald mehr grau, bald rein braun ist, die nackten Ständer gelb, der
Schwanz mit etwa einem Dutzend Querbinden.

Für einen einigermassen aufmerksamen Beobachter ist der Bussard schon in der Ferne leicht kenntlich. Von dem häufig mit ihm verwechselten Schreiadler ist er durch die Flügelhaltung unterschieden. Beide Bussarde halten im Schweben und Dahinstreichen die Flügelspitzen aufwärts gebogen, während alle Adler dieselben gesenkt haben. Oft rüttelt der Bussard ähnlich wie ein Thurmfalk, aber plumper. Er streicht nicht sehr schnell, meist niedrig über Felder und Bäume hin, um die Paarungszeit aber und vor dem Wegzuge schraubt er sich fröhlich schreiend in ungemessene Höhen und stösst dann manchmal mit

Der Mäusebussard (Buteo vulgaris, Bechstein).

rapider Schnelligkeit wieder in tiefere Regionen herab. Gerne haken sie auf Feldsteinen und Erdhügeln auf und sehen dann dickköpfig und dickleibig aus. Beachtenswerth für den Jäger sind auffallend schwache Exemplare! Diese können leicht dem Steppenbussard angehören, welcher unserem Mauser sehr ähnlich und vom verstorbenen Kammerherrn von Krieger mehrmals beim Uhu erlegt worden ist, vielleicht auch unerkannt öfter durch Deutschland wandert, namentlich durch die östlichen Provinzen. Er ist durch röthliche Färbung in der Regel auffallend, und sehr gering. Was nun unseren Mauser anlangt, so wird derselbe das ganze Jahr über in Deutschland angetroffen; in den nördlichen Theilen nur vereinzelt im Winter, in den südlichen zahlreicher. Seine Zugzeit ist der September und

Oktober, sowie März und April. Seine Horstzeit fällt nach der Jahreswitterung bald früher, bald später. Namentlich bei den nicht fortgewanderten Paaren regen sich bei zeitiger warmer Witterung die Frühlingsgefühle schon früh. Ich fand z. B. im rauhen Ostpreussen schon am 28. März und 1. April Gelege, in demselben Jahre freilich ebenso noch Anfangs Mai. In der Regel ist Ende April und Anfang Mai das Gelege fertig. Der Horst ist so verschieden gebaut, bald sehr hoch, bald sehr niedrig, dass sich keine Regel aufstellen lässt. Fast immer sind frische Tannenreiser im Horst; derselbe ist gewöhnlich gross und hoch, wird viele Jahre benutzt und ist häufig der verlassene Horst eines anderen Raubvogels. Die zwei bis vier Eier (zwei findet man recht häufig, vier seltener als drei) sind grünlichweiss mit gelben, rothbraunen und lilafarbenen, grossen oder kleinen Flecken gezeichnet, zuweilen ganz ungefleckt, aber wohl niemals das ganze Gelege. Sie sind denen der Milane und anderer so ähnlich, dass sie oft von dem besten Kenner nicht unterschieden werden können; von Riesenthal meint, eine röthlichblaue wolkige Färbung nur bei Bussardeiern gesehen zu haben; ein alter erfahrener Sammler glaubte hierin eine Eigenheit der Eier des schwarzen Milan gefunden zu haben. Beides ist unrichtig, denn ich habe Eier vom Bussard und vom schwarzen Milan mit dieser Färbung gefunden, bei Beiden aber gar nicht sehr oft.

Auch die Grösse ist variabel, doch mag die Länge meist zwischen 55 und 60 mm liegen, die Breite 42 bis 45 betragen.

Auffallenderweise sind die Ansichten, ob die Alten gemeinsam brüten, bei diesem gemeinen Vogel verschieden. Ich habe noch keine genügenden Beobachtungen hierüber angestellt, doch waren die nicht sehr zahlreichen vom Horst geschossenen Mauser, die ich untersuchte, Weibchen, während ich das Männchen einmal brüten sah und auch schoss, nachdem am Tage vorher das Weibchen erlegt worden war. — Dieser eine Fall kann keine Regel abgeben.

In der Regel verlässt der brütende Mauser den Horst, wenn man mit dem Stocke gegen den Stamm schlägt, wo sie sehr verfolgt werden auch früher; einer sass einmal so fest, dass er sich durch Klopfen und Schreien nicht verscheuchen liess. Ich hatte eine Büchsflinte und schoss ihm eine Kugel von sehr schwerem Kaliber durch den über den Horstrand ragenden Schwanz, wodurch zwei oder drei der mittelsten Schwanzfedern herunterwirbelten. Der Bussard strich wie aus der Kanone geschossen ab, und noch lange sahen wir ihn in der Gegend, weit hin kenntlich an der Lücke im Schwanz. Immer hielt er sich noch in demselben Waldestheil auf, wo er wahrscheinlich wieder gehorstet hat, da ich ihm seine Eier, von denen zwei sehr schön gefleckt und eins ganz weiss war, genommen hatte.

Was nun die Nahrung des Bussard betrifft, so ist dies ein so vielfach besprochener Punkt, dass man mit einem gewissen Unbehagen denselben berührt. Wollte man Alles zusammentragen, was von Beobachtern und Nichtbeobachtern darüber gesagt worden ist, so würde man manche Stunde verbrauchen. Es gehören zu den Männern, welche im Bussard einen argen Jagdfeind erblicken und ihn rücksichtslos verfolgen, eine Menge praktische Waidmänner, namentlich Oberjägermeister von Meyerinck, zu denen, welche ihm der grössten Schonung empfeh-

ben, die Mehrzahl der Naturforscher. Keine Ansicht, welche für die eine oder
andere Richtung entschieden eintritt, kann ich zu der meinigen machen. Von
Meyerinck schreibt an Brehm, welcher sehr für den Bussard Partei ergreift: „In
wildreichen Gegenden schlagen die Bussarde Mäuse nur ganz beiläufig, ebenso
wie der Fuchs, wenn er lohnendere Beute zur Verfügung hat." Dies heisst entschieden zu weit gegangen; den Schaden des Mausers mit dem des Fuchses zu
vergleichen, ist man wohl nicht berechtigt; namentlich im Herbst, wenn die Felder kahl werden und die jungen Vögel flugbar geworden sind, raubt der Bussard
eine grosse Anzahl von Mäusen. Die Magen derselben enthalten dann fast aus-
schliesslich Mäuse. Ausstopfer bekommen dann gewöhnlich eine Menge dieser
Vögel zum Präpariren, und bietet sich auf diese Weise Gelegenheit, sehr viele
zu untersuchen. Etwas Anderes ist es mit den Magenuntersuchungen im Frühjahr.
Hier können sie kein Bild von der Nahrung geben, denn die oft genug gekröpften jungen Vögel haben gar weiche Knochen und keine Federn. Da findet
man denn einen Brei im Magen, den man nicht zu deuten weiss.

In der Zeit, wo der Bussard grosse Junge hat, schlägt er Junghasen, so
viele er sieht, aber keinen alten Hasen, welchen er nicht auf den Horst tragen
kann. Auch junges Geflügel wird geschlagen, doch ist der Bussard zu langsam,
um fliegende Vögel zu schlagen. So lange seine Jungen noch klein sind, werden sie besonders mit Fröschen, Mäusen, Blindschleichen, Schlangen, Insekten
u. a. m. gefüttert. Zur Herbstzeit schlagen Alte und Junge fast nur Mäuse,
Frösche, Eidechsen und allerlei Insekten, auch Regenwürmer. Im Winter aber,
wenn tiefer Schneefall stattgefunden hat, dann treibt der Hunger den Bussard
zu kühnem Rauben; die dann Zurückgebliebenen sind ja nicht zahlreich, aber die
Rauchfüsse helfen ihnen dann, und verstehen es fast noch besser.

Dann sind Hühner und Fasanen sehr durch ihn gefährdet! Sie drücken
sich im Schnee und fallen ihm sicher zur Beute!

Man wirft dem Bussard vor, auch Rehkälber zu schlagen; ich muss be-
kennen, dass ich dies kaum für möglich halte. Auch soll er Hofgeflügel bei
den Gehöften rauben; dass dies nur selten, wahrscheinlich von einzelnen sehr
mordgierigen Exemplaren geschieht, unterliegt keinem Zweifel, aber dass solche
Fälle schon vorgekommen sind, kann ich durch eigene Beobachtung erhärten.

Welche Schlüsse nun aus seiner Nahrungsweise zu ziehen sind, ist eben-
falls schwer zu sagen. Es richtet sich eben nach den Interessen des Einzelnen.
Wer eine Jagd beaufsichtigt, wird ihn ohne Umstände verfolgen müssen, der
Landwirth dagegen, welcher keinen besonderen Werth auf Jagd legt, wird ihn
mit Recht schonen. Immerhin ist freilich zu bedenken, dass bei einer wirklichen
Mäuseplage Menschenhände weit mehr leisten können, als einige Raubvögel.

Ich muss nun freilich gestehen, dass ich es für Unrecht halte, im Herbste
zur Zugzeit der Bussards ihrer Hunderte aus den Krähenhütten zu schiessen,
denn davon haben wir keinen Nutzen. Dagegen kann ich es keinem Waidmanne
verdenken, wenn er bei tiefem Schnee den Bussard erlegt und möchte auch in
kleinen Revieren die Horste nicht bestehen lassen; in grossen ausgedehnten Forsten
zerstört man lieber die Horste der Habichte und Falken, deren es genug zu
geben pflegt. Schliesslich möchte ich noch erwähnen, dass jede einzelne Be-

obachtung über Nahrung von Raubvögeln, deren Nutzen oder Schaden verschieden beurtheilt wird, von Werth ist, aber nur solche, bei denen der Vogel von gewiegten Kennern gesehen, oder womöglich erlegt wurde. Wenn man liest: „Ein Bekannter von mir erkannte in dem abstreichenden Räuber einen Bussard" u. s. w., so sind solche Beobachtungen immer mit einem recht dicken Fragezeichen zu versehen. Uebrigens verweise ich auf Nr. 11 der Illustrirten Jagdzeitung vom 1. März 1881, wo von Eugen von Homeyer, dem bekannten, erfahrenen Beobachter und Gelehrten, geschildert wird, welchen Schaden der Mauser und Rauchfuss an alten Rebhühnern thun können, auch erfahren wir daselbst, dass Haustauben vom Futterplatze geholt wurden und einer sich im mit einer Taube geköderten Schlageisen gefangen! Ich weise ausdrücklich noch ebenda auf Homeyers Worte hin: „Beide Begebenheiten zeigen wohl deutlich, dass der Bussard denn doch nicht ein solcher Tugendspiegel ist, als manche Schriftsteller glauben; es ist mir auf der Hühnerjagd auch mehrfach vorgekommen, dass er ein Rebhuhn, welches nicht unter dem Feuer fiel, geschlagen und mit grosser Leichtigkeit fortgetragen hat." Ein ähnliches Erlebniss habe ich auch seiner Zeit in der Illustrirten Jagdzeitung berichtet. Bei mir war es ein Mauser; ich sah ihn nicht das Huhn forttragen, jagte ihn aber von dem bereits theilweise gerupften und gekröpften Huhn auf, welches hinter einem Wall stark angeschossen meinen Blicken entschwunden war. Homeyer beobachtete dies nur bei Rauchfüssen. Uebrigens bestreitet dieser Gelehrte nicht den überwiegenden Nutzen für den Landmann, sondern spricht nur von dem Schaden, den er der Jagd zufügt.

Riesenthal sagt, dass es an den Haaren herbeigezogen ist, dem Bussard einen Vorwurf daraus zu machen, dass er dem Edelfalken seine Beute abjagt, doch ist immerhin zu bedenken, dass letzterer dadurch gezwungen ist, einen anderen Vogel zu rauben und jeder dem Falken abgenommene Vogel gerade so verloren geht, als wenn der Bussard ihn geschlagen hat. Doch nun genug davon — man könnte noch Vieles für und wider den Mauser sagen, das Endresultat eines nüchternen und wahrheitsliebenden Beobachters wird vorläufig bleiben: Es ist zu bedauern, wenn beim Uhu die durchreisenden Bussarde zu Hunderten geschossen werden und es ist auch nicht nöthig mit Eifer auf die Zerstörung der Horste auszugehen; jedoch schiesse der Jäger bei Fasanerien und den Winterfutterplätzen den Bussard, er verfolge ihn im Winter, sowie es stark schneit, er möge auch den Horst zerstören, wenn er ein vorzüglich zu schonendes Revier in der Nähe hat. — womöglich aber beobachte er das Paar und ergründe, woher und welchen Raub es sich holt.

Wo man sich seiner entledigen will, ist dies nicht allzu schwierig. Auf den Uhu stösst er heftig und fusst auf den Krakeln. Beim Horst ist er sicher zu erlegen; mancher kommt zufällig zu Schuss, und mit Erfolg kann man ihn auf dem Nachtstand schiessen. Namentlich in einzeln stehenden Eichen, in Erlenbrüchern ist er in mondhellen Nächten wohl zu sehen, wenn man leise geht und ein gutes Auge hat, obgleich er meist nah' am Stamme sitzt. Ausserdem fängt er sich leicht im Tellereisen, selten in Stossnetzen.

Sehr vertraut pflegen die kürzlich ausgeflogenen Jungen zu sein, während die Alten häufig sehr scheu sind. Wie so oft ist eine allgemeine Regel nicht aufzustellen, denn in Gegenden, wo ihn der Mensch nicht behelligt, ist er vertraut, wo er verfolgt wird, dagegen äusserst vorsichtig.

In den südrussischen Steppen lebt der stärkere, weissschwänzige, meist ziemlich röthliche Weissschwanzbussard, Buteo leucurus oder ferox, welcher seiner Lebensweise nach dem gemeinen Bussard ähnelt, an seiner Stelle in grosser Zahl.

12. Der Rauchfussbussard

(Buteo lagopus, Brünnich).

Rauchfuss, Schneeaar (in Schlesien häufig einfach Aar genannt), Winterbussard, Archibuteo, Falco lagopus.

Ein nordischer Brutvogel, welcher uns alle Winter besucht, aber, wenn überhaupt schon, nur ganz ausnahmsweise in unseren Breiten zum Horsten schreitet. Wer auf die Eigenthümlichkeiten der Bewegungen der Thiere überhaupt ein aufmerksames Auge hat, der erkennt schon in der Ferne den Rauchfuss und Mauser. Die hinterpommerschen Gutsbesitzer, mit denen ich gejagt habe, verstanden beide Bussarde trefflich zu unterscheiden, und wer — wie man es in Pommern und Preussen vielfach kann — beide zugleich hat fliegen sehen, wird leicht die Unterschiede erfassen. Der Rauchfuss schlägt die langen Flügel kräftiger auf und nieder, schwebt nach wenigen Schlägen eine Strecke in fast gleichmässigen Abständen, auch fällt die hellere Farbe, der schwarze Fleck in der Mitte der hellen Unterflügel, der oben weisse, am Ende dunkle Schwanz, sowie ein dunkler Bauchfleck in der Ferne schon auf. Hiermit könnte die Beschreibung fast beendet sein, wenn wir hinzufügen, dass die Ständer bis auf die Fänge herab dicht befiedert sind, wodurch er sich vom Mauser unterscheidet, welcher einen unbefiederten Ständer wie alle Tagraubvögel ausser einigen Adlern hat. Manchmal ist der Rauchfuss auch mit dem Schreiadler verwechselt, doch ist die stets dunkle Farbe des Schreiadlers allein schon ein sicheres Unterscheidungsmerkmal. — Der Schwanz des Rauchfussbussards ist oben immer weiss, am Ende eine breite dunkle Binde, oft aber noch mehrere Querbinden, bis zu sechs Stück. Das Auge ist braun, die Fänge gelb. Im Uebrigen variirt er ganz ausserordentlich, kommt in der Grösse etwa dem Mauser gleich. — Vom Ende September bis in den April ist der Rauchfuss in Deutschland anzutreffen, am zahlreichsten im November und März. Ebene Strecken scheint er zu bevorzugen.

In Skandinaviens Norden und allen hohen Breiten horstet der Rauchfuss, theils auf Bäumen, theils am Boden, und legt drei bis vier Eier, welche sehr oft denen unseres Bussards vollständig gleichen, meist aber etwas kleiner und glatter sind.

Was nun die Nahrung des Rauchfusses anlangt, so ist sie wohl ganz dieselbe, wie die des deutschen Mausers. So lange die Felder frei sind, vertilgt er eine ausserordentliche Menge von Mäusen, weiss auch noch spät im Jahre

die Frösche aus ihren Schlupfwinkeln zu holen. Sobald aber tiefer Schnee die
Erde deckt, kann er nur wenig Mäuse erlangen und wird dem Wilde dann sehr
gefährlich. Namentlich Hühner schlägt er in Menge, stellt schwachen Hasen
nach und ist den Fasanerien eine Geissel. Die Jagd auf ihn ist dieselbe wie
auf den Mäusebussard. Noch heftiger stösst er auf den Uhu und kann hier in

Der Rauchfussbussard (Buteo lagopus, Brünnich).

Menge erlegt werden. Hin und wieder kommt er auch zufällig zu Schuss
und kann mit Erfolg von seinem Nachtstande herabgeschossen werden. Eben
wie der gemeine Bussard geht er erst ziemlich spät zur Ruhe, daher man lange
warten muss, wenn man sich unter seinem Schlafbaum anstellen will, hat auch
die grösste Vorsicht zu beobachten. Interessanter ist es meiner Ansicht nach
an den Orten, wo man vermuthet, dass sie schlafen, in hellen Nächten heranzu-

schleichen, da man die dicken Bussarde wohl sehen kann, wenn man ein scharfes Auge hat. Mit Tellereisen lässt er sich ebenfalls fangen.

Gerade wie beim gemeinen Bussard halte ich es auch hier für ein Unrecht, ihn in Masse auf dem Zuge im November und März zu schiessen, was aus der Krähenhütte nur allzu leicht geschieht. Es werden ohnedies eine Menge beiläufig von Sonntagsjägern geschossen, die nicht wissen, ob es ein Bussard ist oder irgend ein anderer Raubvogel. Dagegen kann kein Jäger sie in schneereicher Zeit unbeachtet lassen, wenn er nicht seine Hühner sich vermindern sehen will. Auch hier sind einzelne Individuen räuberischer als andere, denn Hühner mögen wohl besser schmecken als Mäuse oder Maulwürfe, und die Uebung im Jagen grösserer Thiere bildet Kraft und Gewandtheit ohne Zweifel aus. In der Horstzeit weilt der Rauchfuss in nördlichen Ländern, wo er die schädlichen Lemminge in Menge vertilgt. Auch ist wohl zu bedenken, wie herrlich eine Gegend durch den sanft schwebenden Bussard belebt wird. Wie prächtig, wenn er vor seinem Wegzuge sich in gewaltige Höhen schraubt und seine helle Stimme erschallen lässt; wenn er ohne Flügelschlag seine Kreise zieht, dann lenkt er immer meine Gedanken zu dem herrlichen Flugvermögen hin, und mit einer eigenen Sehnsucht folge ich seinen freien, schrankenlosen Kreisen, die er bald im öden Tundralande, bald an des Rheines Ufern zieht.

13. Der Wespenbussard
(Pernis apivorus, Linné).

Wespenfalk. Bienenfalk. Falco apivorus. Buteo apivorus.

Kennzeichen der Art: Anstatt der Borsten kleine, harte Federchen um den Schnabel. Augen, Zügelgegend, Nasenlöcher längs laufend und sehr schmal. Schwanz mit einer Endbinde. Davor ein grosser Zwischenraum und dann zwei oder drei Querbinden; wenigstens immer Querbinden in unregelmässigem Abstand. Kopf häufig grau. Auge im Alter goldgelb, in der Jugend graubraun.

Die ganze Färbung variirt ausserordentlich. Doch ist der Kopf im Alter beim Männchen schön aschgrau, beim Weibchen nur graubraun. Die Unterseite ist beim Männchen weiss mit braunen Flecken, welche an den Spitzen der Federn stehen. Junge sind häufig sehr dunkelbraun, auf dem Kopfe weisslich mit braunen Flecken, Unterseite mit viel Weiss. Manche junge Weibchen erscheinen fast ganz chocoladenbraun, doch sind die Federn an der Wurzel alle weiss, so dass nur bei ganz glattem Gefieder das fast einfarbige Kleid erscheint. Stets sind die Federn härter und knapper als bei den eigentlichen Bussarden, die Ständer und Fänge gelb, Wachshaut noch schöner goldgelb, der Schwanz lang und schmal, Krallen schwach, Ständer niedrig. Leider wird der hübsche Wespenfalke ausserordentlich oft nicht erkannt. Ich kann wohl behaupten, dass die meisten Jäger ihn nicht kennen, daher gar mancher als Bussard geschossen wird und unerkannt verdirbt. Im Fluge zeichnet er sich vor dem gemeinen Bussard durch sehr langen, schmalen Schwanz und Fittig aus. Er ist durchaus nicht häufig.

nur in einzelnen Gegenden, wie dem Westerwalde, trifft man ihn zahlreicher an. In Ostpreussen ist er recht selten, hohe Gebirge meidet er gänzlich, scheint auch Nadelholz nicht zu lieben, sondern vorzüglich Buchen und Eichen. Er wandert schon zeitig wieder fort und zwar nach Westafrika, seine Strasse stetig einhaltend, und erscheint mit den Schwalben wieder.

Seinen Horst baut er sehr leicht und klein, nimmt aber womöglich einen alten Horst, in den er seine zwei Eier erst Ende Mai bis Ende Juni legt. Die Eier sind leicht von allen anderen zu unterscheiden. Sie sind kleiner als

Der Wespenbussard (Pernis apivorus, Linné)

Bussardeier, im Mittel 5 cm lang und 4.2 cm breit, inwendig gelb durchscheinend, wenn man sie gegen das Licht hält, die der Mauser u. a. grünlich. Die Grundfarbe ist weisslichgelb oder bräunlichgelb, doch ist nur manchmal viel hiervon zu sehen, weil die dunkelrothbraune oder fast schwarzbraune Farbe so reichlich und gross aufgetragen zu sein pflegt, dass sie fast das ganze Ei bedeckt. Der Brutvogel sitzt so fest im Horste, dass er sich selten durch Anschlagen zum Abstreichen bewegen lässt.

Der Wespenfalk ist ein träger, unedler Raubvogel, der seine Nahrung zumeist aus dem niedern Thierreich nimmt. Namentlich die Brut der Wespen und Hummeln bildet seine Nahrung, sowie eine Menge Raupen, Grillen, Frösche und

3*

dergleichen, leider aber nimmt er auch eine Menge Vogelnester aus. Die Ansichten, ob Nutzen oder Schaden überwiegend sei, sind verschieden. E. von Homeyer hält ihn für nützlich. Brehm tritt für ihn ein, Naumann wirft ihm das Zerstören vieler Vogelnester und Schlagen von Junghasen vor. Altum meint, dass sein Nutzen vielfach überschätzt werde, Riesenthal wünscht ihn in der Nähe gepflegter Wildgehege nicht geschont zu sehen, hält ihn sonst aber für überwiegend nützlich.

Er ist im Allgemeinen selten, daher er nicht viel schaden kann; Mäuse fängt er nur wenig, und ist es daher wohl noch die Frage, ob der Nutzen oder der Schaden grösser sei; der Jagd wird er wenig schaden, eher den Singvögeln, doch ist das Vertilgen der Menge von Wespen entschieden von grossem Werthe. Vermindern kann man ihn nur am Horste wirksam, sonst ist er sehr scheu.

14. Der Steinadler
(Aquila fulva, Linné).

Grosser brauner Adler, Falco fulvus.

Der Steinadler ist der kräftigste aller deutschen Raubvögel. Er ist der König der Vögel, das Sinnbild rascher Kraft und Stärke. Vom Seeadler ist er durch etwas spitzere Flügel und rascheren Flug von geübten Beobachtern zu unterscheiden. Die Hauptfarbe ist ein dunkles Braun; die spitzen Nackenfedern sind dunkelrostfarben, der Schwanz ist an der Wurzel weiss, hat eine schwarze Endbinde und oftmals graue Querbänder darüber.

Die Ständer sind bis auf die dunkelgelben Fänge herab bräunlich oder gelb befiedert, wodurch er sich stets von dem im Jugendkleide oft mit ihm verwechselten Seeadler unterscheidet, wie der Rauchfussbussard vom gemeinen Mäusebussard. Der Schnabel ist bläulichschwarz. Wachshaut und Auge goldgelb.

Die Flugbreite beträgt oft zwei Meter, die Länge wohl einen Meter und darüber. Das Männchen ist wie bei allen Raubvögeln schwächer. Die Jungen haben eine den ganzen Scheitel und Hinterhals bedeckende mehr hellgelbe Nackenfärbung, sind in der Gesammtfarbe heller und haben hellgelb, oft fast weiss befiederte Ständer und Hosen.

Der Steinadler ist über Europa und Asien verbreitet, in Nordamerika lebt der äusserst nahestehende canadische Adler, Aquila canadensis.

Der Steinadler bewohnt nur grosse Gebirge und weite Forsten; Ruhe und Wildreichthum sind Bedingniss.

Der Horst steht dementsprechend in den Nischen und auf kleinen, geschützten Vorsprüngen unzugänglicher Felsenwände, oder auf alten Waldbäumen. In neuester Zeit ist er als Horstvogel in den Wäldern der norddeutschen Ebene sehr selten geworden, wenngleich noch immer hier und da einmal ein Paar horstet. Es ist mir freilich binnen zwei Jahren nicht gelungen, einen bezogenen Horst in den ausgedehnten Forsten des südlichen Ostpreussens zu beobachten.

doch sah ich am Horst erlegte Alte und sogar einen vor nunmehr vier Jahren bezogenen Horst, aus dem die Jungen von Russen geholt worden waren. Ein anderer Horst fiel vor drei Jahren beim Abholzen. Beide Horste standen auf hohen Kiefern. Unter Anderem auch in den Revieren Jura und Hartigswalde in Ostpreussen wurden noch neuerdings Horste beobachtet. Auch im letzteren Reviere stand der Horst, wie Herr Oberförster Hoffmann mir mitzutheilen die Güte hatte, auf einer Kiefer, und zwar auf einem über ein Gestell ragenden starken Seitenaste. In den Alpen horstet er noch häufiger, mehr noch in Spanien, Ungarn, Russland, Steyermark und vielleicht im Böhmerwald etc. Der Horst ist natürlich ein tüchtiger Bau. Schon im März findet man das aus zwei, zuweilen sogar drei, oder auch nur aus einem Ei bestehende Gelege. Die Eier messen im Durchschnitt 7.5 : 5.8 cm und variiren in Form und Farbe. Meist sind sie auf trübweissem Grunde mit hellbräunlich violetten Schalenflecken reichlich versehen, zuweilen haben sie lebhaft rothbraune Oberzeichnung, oft nur einige schwache violette verloschene Flecke, sehr selten sind sie ganz ohne Zeichnung. Wenn also vor einiger Zeit in der „Neuen Deutschen Jagd-Zeitung" Herr Professor Altum das Deutsche Jagdbuch corrigirend bemerkt: „immer rothbraun gefleckt", so ist derselbe offenbar im Irrthum, so beachtenswerth auch manche der anderen daselbst gemachten Bemerkungen sind, für die wir ihm Dank wissen müssen, und die hoffentlich späterhin benutzt werden. Die Bebrütung dauert einen vollen Monat, die Dunenjungen sind mit weichen, weissen Dunen bedeckt.

Der Steinadler ist wie bekannt der furchtbarste Räuber unserer Vogelwelt. Von der Lerche bis zur grossen Trappe, vom Maulwurf bis zur Gemse und zum Reh ist die ganze Thierwelt von ihm gefährdet. Hasen liebt er vorzugsweise. Bekannt ist, dass er wiederholt auf Kinder gestossen hat. Im Winter geht er auch an Luder.

Es ist natürlich, dass wir solch furchtbaren Räubern mit aller Macht nachstellen müssen. Im Winter streichen sie nicht selten über ganz Deutschland und sind in Ostpreussen, Pommern und Schlesien oft ziemlich häufig. Die Jungen brauchen mehrere Jahre, bis sie erwachsen sind und sich fortpflanzen können. Ihr Geschrei ist nicht so erhaben wie ihre kräftig schöne Gestalt, sondern es ähnelt dem des Bussards und ist nur etwas schneidiger und heller.

Der Steinadler ist am Horste zu erlegen, ausserdem aus der Luderhütte und beim Uhu mit Erfolg, lässt sich auch im Tellereisen fangen und nicht selten auf seinem Nachtstande beschleichen.

15. Der Goldadler
(Aquila chrysaëtos, Linné).

Der Goldadler ist eine vielumstrittene und verschiedentlichst gedeutete Form. Erörterungen über Artberechtigung oder Nichtberechtigung würden hier zu weit führen, daher ich nur kurz angebe, wodurch man ihn hauptsächlich soll unterscheiden können. Die ganze Gestalt des Goldadlers ist schlanker. Der Schwanz mit mehreren Querbinden, ohne Weiss an der Wurzelhälfte. Das Kleingefieder an den Wurzeltheilen dunkler. Der Schnabel gestreckter. Gesammtfärbung mehr rostfarben glänzend, namentlich der Nacken fast metallisch gelbglänzend. Ständer und Hosen dunkler, schön rostroth gefärbt.

Er scheint mehr den Nordosten, besonders Russland und Sibirien zu bewohnen, und ist ein ebenso furchtbarer Räuber wie der Steinadler, dem er in Sitten und Gewohnheiten gleichkommt. — In Deutschland ist er sehr selten.

16. Der Kaiseradler
(Aquila imperialis, Bechstein).

Königsadler; Falco imperialis, Aquila Mogilnik, Gray.

Der Kaiseradler ist schon in der Ferne an den geringeren Maassen und dem kürzeren, abgestumpften Schwanz zu erkennen. Die Flügel reichen bis an und über das Schwanzende. Er ist im Ganzen sehr dunkelbraun mit grossem, weissem Schulterfleck, gelbem Nacken und schwarzgebändertem Schwanze. Er ist in ganz Deutschland nur wenige Male erlegt und gehört hauptsächlich dem Südosten an. Er wohnt besonders im Gebirge und horstet auf Felsen und Bäumen, auch zahlreich in den südrussischen Steppen, wo seine Eier auf dem flachen Boden, gern auf einer kleinen Erhöhung, liegen. Sie sind meist kleiner und rundlicher, als die des Steinadlers, und häufig ungefleckt.

Auch er ist natürlich ein grosser Feind aller jagdbaren Thiere, wenn auch schwächer als der Steinadler. — In Deutschland horstet er nicht.

17. Der kleine Schreiadler
(Aquila naevia, Meyer u. Wolf).

Schreiadler, Falco naevius; Aquila pomarina, C. L. Brehm.

Unter allen rauhfüssigen Adlern der gemeinste in Deutschland. Weit häufiger als mit anderen Adlern wird er mit dem Bussard verwechselt, von dem ihn aber — wie oben angegeben — die aufwärts gehaltenen Flügel schon im Fluge unterscheiden, zudem die adlerartig gespreizten Schwingen.*)

Er sieht im Fluge gross und stolz, echt adlerartig aus; wenn er aufgehakt ist, aber dick und faul.

Er hat kräftigen Adlerschnabel. Die Ständer sind bis auf die starken Fänge hinab befiedert. Die Nackenfedern wie bei allen Adlern lang und spitz.

*) Siehe Mäuse- und Rauchfussbussard.

Eine einzige Hinterhalsfeder würde schon genügen, um einen Adler von anderen Vögeln zu unterscheiden. Die Farbe des alten Schreiadlers ist ein düsteres Erdbraun, das auf Rücken, Schwingen und Schwanz am dunkelsten ist, und an Kopf, Nacken und namentlich am Oberflügel in ein helles Graubraun übergeht. Bei nicht ganz alten Vögeln steht im Nacken ein rostfarbener Fleck. Das

Der kleine Schreiadler (Aquila naevia, Meyer u. Wolf).

Jugendkleid ist bedeutend dunkler, der Rücken mit metallischem Glanze, am Kropf, Nacken. Unterschwanzdecken fahl rostgelbe Spitzenflecke und ebenso zwei Querreihen hell rostfarbener Spitzenflecke über den Flügeln. Das Kleid des Schreiadlers im zweiten Jahre ähnelt dem Alterskleid, doch zeigen sich hier und da noch einzelne kleine helle Schaftflecke; die Unterschwanzdecken, Ständer und Hosen sehr hell gefärbt. Fänge und Wachshaut gelb, Schnabel bläulich-schwarz. Iris dunkelgelb mit kleinen bräunlichen Punkten an der Unterseite des Auges.

Die „Grösse" ist variabel, ein Durchschnittsmaass mag 165 cm Flugbreite und 62 cm Länge sein. Das Weibchen ist stärker als das Männchen.

Der kleine Schreiadler scheint kein grosses Brutgebiet zu haben. Da kaum ein anderer Raubvogel so vielfach verwechselt und verkannt ist, so sind viele Angaben von sehr zweifelhaftem Werthe. Norddeutschland, Polen, Westrussland bis südöstlich nach der Türkei hinab scheinen seine Heimathsländer zu sein.

Von Braunschweig bis Ostpreussen horstet er noch heute. Im Braunschweigischen ist er sehr selten geworden, lange Zeit hindurch überhaupt nicht beobachtet. In der Mark ist er Brutvogel, am häufigsten aber in Pommern und Preussen. In Ostpreussen fehlt er selbst den weiten Kiefernforsten nicht, doch wählt er anderwärts Eichen und Buchen mit Vorliebe. Brehm führt an, dass er mit einem Nadelbaume nur in den seltensten Fällen vorlieb nimmt: in Ostpreussen trifft das nicht zu: ich habe viele Horste auf Fichten gefunden. In recht dichten, undurchsichtigen, oft ziemlich schwachstämmigen Fichten baut er in Ostpreussen mit Vorliebe. Auch auf einer Kiefernstange 1. Klasse fand ich einen Horst, mehrere hoch auf alten Kiefern, andere auf Eichen, Birken, Erlen, Espen und Buchen. Immer steht der Horst am Rande des Waldes, oder an oder über einem Wege, einer kleinen Blösse etc., damit der Adler frei abstreichen kann. Die Höhe ist sehr verschieden, gewöhnlich aber nicht sehr bedeutend, auch steht der Horst bald hart am Stamme, bald auf einem Seitenaste und ist oft ein alter Bussardhorst oder dergleichen. Ich habe indess öfter neue Horste anlegen sehen, und solche haben dann nicht die riesigen Dimensionen alljährlich bewohnter Horste, sondern sind ziemlich klein und flachmuldig. Immer ist der Horst mit grünen Reisern, meist von Fichten, belegt.

Wenn auch die ersten Schreiadler sich oft schon Anfangs April in Ostpreussen zeigen, so findet man doch dort vor dem Mai keine Eier. Die Hauptlegezeit fällt bei uns zwischen den 6. und 10. Mai: ausnahmsweise habe ich schon am 2. Mai und auch noch nach dem 15. Mai unbebrütete Eier bekommen.

Es ist ein Irrthum, zu glauben, der Schreiadler lege nur ausnahmsweise ein Ei: ich habe dies häufig beobachtet. Häufiger findet man zwei, nur äusserst selten drei Eier. Diese variiren ungemein in Grösse, Gestalt und Färbung. Sie sind meist bedeutend grösser als Bussardeier und messen 58 : 48, 62 : 51, 63 : 48, 61 : 52 bis 67 : 47 und sogar eines 69 : 54 mm. Meist sind sie auf weissem Grunde mit röthlichvioletten Schalenflecken und dunkelrothbraunen Spritzern und Flecken reichlich und schön gezeichnet, bald treten jene, bald diese mehr hervor, bald ein Kranz, bald keiner. Aeusserst selten ist ein ganz ungeflecktes Ei; die meisten sehen sehr schön aus und sind von Sammlern sehr begehrt. Beide Alten brüten; sie sind in ihrem Betragen sehr verschieden. Zuweilen sitzt der Brutvogel ausserordentlich fest, öfter aber verlässt er den Horst schon von Weitem, kehrt indess manchmal sehr bald zurück. Der Schuss auf den vom Horste abstreichenden Schreiadler ist ein sehr schwerer, weil er sich schnell in eigenartig schwankendem Fluge hinausstürzt. Ich habe ihn im Verein mit tüchtigen Jägern mehrfach schmählich gefehlt, während er sonst im gewöhnlichen Fluge sehr leicht zu schiessen ist. Erlegt man das Weibchen, so benimmt sich das Männchen ganz verschieden. Zuweilen vernichtet es im Zorne die Eier, zuweilen verlässt es ohne Weiteres den Horst. Dass nach Wegnahme der Eier das Weibchen nochmals in denselben Horst legt, habe ich nie beobachtet. Der Horst wird oft jahrelang benutzt, einer bei Königsberg i. Pr. volle sieben Jahre, bis ihn heuer ein Mauser bezogen hatte. Manchmal haben sie zwei Horste, mit denen sie abwechseln, und verlassen auch zuweilen scheinbar ohne Grund den alten Horst, um einen neuen zu beziehen. Wenn die Jungen ausgeflogen sind, bemerkt man wenig von den Schreiadlern. Sie treiben dann ziemlich ruhig ihr Wesen und beginnen schon im August zu wandern. Ende September mögen uns die letzten verlassen. Sonst hört man vor und während der Brutzeit recht häufig einen Ton wie jek, jek, der kurz pfeifend ausgestossen und sehr weit gehört wird. Er ist ganz charakteristisch und kann einmal gehört nicht mehr verwechselt werden.

Wie über alles Andere, so findet man auch über die „Nahrung“ des Schreiadlers oft die verkehrtesten Angaben. Ich habe eine ganze Anzahl Mägen aufgeschnitten und den für die Jungen in die Horste getragenen Raub untersucht: Frösche, Mäuse und Eidechsen bildeten die Hauptbestandtheile des Raubes, die Alten kröpften auch gern allerlei Käfer, Regenwürmer und sogar Raupen. Wenn die Jungen gross werden und vielen Frass verlangen, dann fällt auch einmal ein Häschen, eine auf dem Neste ergriffene Lerche, ein junger Sumpfvogel oder Drossel ihnen zur Beute. Frösche aber sind immer die Hauptnahrung und Eichhörnchen beliebt, wenn sie auch oft vergeblich verfolgt werden. Jedenfalls aber ist der Schaden nicht von Bedeutung und wird wahrscheinlich durch den Fang von Mäusen u. a. mehr als aufgehoben, was man von dem Bussard nicht so bestimmt behaupten kann, den ich überhaupt immer mehr als unsicheren Kunden durchschaue. Der Schreiadler ist ohne Zweifel weit harmloser, als jener, und die Angaben von geraubten alten Enten jedenfalls auf einen anderen Raubvogel, vielleicht den überaus verderblichen Rohrweih, zurückzuführen, der viel gewandter als der etwas plumpe Schreiadler ist. Die Jagd auf den Schreiadler braucht aus jagdpfleglichen Gründen nicht besonders betrieben zu werden, doch liegt sie dem Forscher oft sehr am Herzen. Meistens erlegt man ihn nur ganz zufällig im Ueberstreichen, kann ihn zuweilen auch mit dem Schrotgewehr, öfter mit der Büchse beschleichen; in der Regel ist er aber so scheu, dass diese Bemühungen sich als erfolglos erweisen.

Am Horste ist er ziemlich sicher zu bekommen. Er stösst auch auf den Uhu, nicht nur am Horste, sondern auch an der Krähenhütte, doch scheinen hierüber noch wenig Beobachtungen gemacht zu sein.

18. Der grosse Schreiadler

(Aquila clanga, Pallas).

Schollodler, Aquila fusca, bifasciata, C. L. Brehm.

Dieser Adler übertrifft den Schreiadler in der Grösse gewöhnlich bedeutend, in manchen Fällen aber weniger und wird selbst von Kennern sehr oft verwechselt. Im Freien ist er an der weit schlankeren Gestalt und den grösseren Maassen zu erkennen.

Nasenlöcher rundlich, Nacken, Oberbrust und Oberrücken immer ohne Rostflecken! Die Flecke beginnen auf der Unterseite erst unterhalb der Kropfgegend, und sind mehr länglich, streifenartig, von mehr gelblichgrauen, fast weisslichen Farben, namentlich beim jungen Vogel. Nur bei sehr alten Adlern verschwinden diese Flecke zuweilen ganz. — Oberflügel und Kopf treten nicht durch hellere Farbe hervor, Grundfarbe sehr dunkel. Die unteren und oberen Schwanzdeckfedern sind weisslich und rein weiss. — Schnabel und Fänge stärker als bei A. naevia.

In Norddeutschland äusserst selten, ist er in Süddeutschland auf der Wanderung häufiger als der kleine Schreiadler, welcher eine südöstliche, die des Schelladlers kreuzende Zugrichtung zu haben scheint. Der Schelladler ist vom Caspi-See durch Sibirien hin sehr häufig. Er bewohnt hauptsächlich Gebirgswälder, in denen er vom Caspischen Meere und vom Ural bis ins Amurland zahlreich horstet. Indessen kommt dies auch weiter westlich vor, so hat er z. B. schon in Ostpreussen gehorstet, was vielleicht öfter geschehen mag, als man glaubt.

Niemals hat man ihn auf dem Boden horstend gefunden, es ist das immer eine Verwechselung mit

19. dem Steppenadler

(Aquila orientalis, Cabanis).

Aquila nipalensis, Hodgs., Aq. Pallasii, C. L. Brehm.

welcher die Steppen des südlichen Russlands und Mittelasiens zahlreich bewohnt. Besonders zu beachten ist er deshalb, weil ein Exemplar, das erst vor wenig Wochen den Horst verlassen haben kann, in Hinterpommern unweit der westpreussischen Grenze erlegt ist.

Zu erkennen ist der Steppenadler meist schon an der bedeutenden Stärke: er steht in den Maassen dem Kaiseradler in der Regel kaum nach. Die Flecken befinden sich nur an den Spitzen der Schwanz- und Schwungfedern, sowie der Flügeldeckfedern, so dass sie in zwei Binden über die Flügel verlaufen, und sind von mehr roströthlicher Färbung als bei den anderen Arten der Schreiadlergruppe. Niemals aber ist der Körper gefleckt!

Die Eier des Steppenadlers sind ziemlich rundlich und viel grösser als die unseres Schreiadlers, während die des Schelladlers in der Mitte stehen. Einzelne Exemplare weichen oft sehr ab, doch ist bei einer kleinen Collection schon deutlich die Art zu erkennen.

Der Steppenadler legt seine Eier stets auf den Erdboden. Schelladler und Schreiadler horsten stets auf Bäumen.

Schelladler und Steppenadler leben grösstentheils von den in ihren Wohngebieten so sehr zahlreichen mäuseartigen Thieren, und scheinen keinen irgend erheblichen Schaden an nützlichem Wilde zu thun. — Ausserdem sind noch zwei sehr seltene Arten in Deutschland geschossen.

der gelbbäuchige Adler
(Aquila fulviventris, Brehm)

— *Aquila flavigaster, Homeyer.*

der auf dem Rücken schmale rostgelbe Schaftstreifen und einen fast ganz gelben Bauch hat, und der überhaupt nur in zwei Exemplaren bekannte

Prachtadler
(Aquila Boeckii, E. v. Homeyer)

von sehr auffallender, fast ganz rostrother und gelblicher Farbe und ebenso wie der gelbbäuchige etwa von der Grösse des Schelladlers.

Der Waidmann könnte sich durch Erbeutung solcher Seltenheiten ein Verdienst um die Wissenschaft erwerben, vorausgesetzt, dass er sie Forschern in die Hände kommen lässt.

---

20. Den Zwergadler
(Aquila pennata, Gmelin),

Aquila minuta, Brehm,

will ich nur kurz der Vollständigkeit halber erwähnen, weil er auch schon bei uns erbeutet worden ist.

Er ist sehr gering, den Bussard nicht erreichend. Die Länge beträgt durchschnittlich 48 cm. Er ist ein echter Edeladler, der in seinen Kleidern sehr variirt: im Jugendalter ist er unten rostbraun, im hohen Alter ganz weiss, immer mit braunen Stricheln; die Oberseite braun mit hellen Säumen, Auge hellbraun. —

Er gehört nicht zu der harmlosen Schreiadlergruppe, sondern würde als gewaltiger Räuber unserer Wildbahn grossen Schaden zufügen, zumal unter dem Flugwild furchtbar hausen. Er horstet schon in Süd-Frankreich, Polen, Oesterreich-Ungarn, gehört aber dem Süden und Südosten an. In Süddeutschland ist er einige Male auf der Wanderung erlegt. In seiner Heimath ist er ziemlich vertraut.

21. Der Seeadler

(Haliaëtos albicilla. Linné).

Weissschwänziger Seeadler; Falco oder Aquila albicilla und ossifraga.

Er ist der „grösste" deutsche Adler, welcher gewöhnlich den Steinadler noch übertrifft.

Im Fluge ist er etwas schwerfälliger; der meist nach unten gesenkte Kopf mit dem kurzen Hals, der kurze Schwanz und die gewaltig langen, gleichmässig breiten Flügel unterscheiden ihn vom Steinadler. Bei Alten fällt auch schon von Weitem der helle Kopf und Schwanz auf.

Beim alten Vogel sind Kopf und Hals und Nacken hell graulichgelb mit etwas dunkleren Schaftstrichen. Die Oberseite ist dunkelerdbraun mit gelblichgrauen Federrändern und dunkleren Schaftstrichen. Unterseite dunkelbraun. Schwanz rein weiss. Die dunkleren Farben verbleichen sehr, sodass die Hauptfarbe sehr fahl zu werden pflegt.

Der junge Vogel sieht völlig anders aus. Er ist viel dunkler, namentlich zeigt sich an Kopf, Hals und Schwanz kein Weiss. In diesem Kleide werden sie oft als Steinadler angesprochen, obgleich sie von diesen durch die nicht bis auf die Fänge befiederten Ständer allein sofort zu unterscheiden sind, ebenso auch durch den gewaltigen, plumperen Schnabel. Im mittleren Alter ist der Schwanz weiss mit mehr oder weniger schwarzen Flecken und Spritzen, Kopf und Hals etwas düsterer, als später.

Schnabel bei alten Vögeln wachsgelb, ebenso Fänge, Augen und Wachshaut. Bei jungen Vögeln ist der Schnabel dunkel hornblau, Auge bräunlich, Fänge grüngelb.

Die Klafterung dieses gewaltigen Adlers beträgt oft nahezu zwei und einen halben Meter, die Länge circa neunzig Centimeter. Das Männchen ist natürlich auch hier schwächer.

Das Wohngebiet des Seeadlers ist ein ungeheures, denn er bewohnt fast die ganze Erde. In Europa horstet er vom höchsten Norden bis zum äussersten Süden hinab. Die Nachbarschaft des Meeres liebt er vorzugsweise, horstet aber auch gern in der Nähe von Landseen und grossen Strömen. In Deutschland ist er jetzt wohl nur noch in Pommern und Preussen ständiger Horstvogel. Hier stehen seine Horste vorzugsweise auf Kiefern und Eichen. In anderen Gegenden wählt er am liebsten Felsen zu seinem Horstplatze, in den Steppen Russlands und Asiens aber baut er auf niedrigen Bäumchen, auf zusammengeknicktem Schilfrohr, oder einfach auf dem flachen Boden. Die meisten Horste sind gewaltige Bauten, in deren unteren Theilen Sperlinge ihre Bruten erziehen, und die ob der Menge des zusammengetragenen Raubes und des ätzenden Geschmeisses weder lieblich anzuzüngen, noch zu wittern sind. Ende März oder Anfang April legt bei uns das Weibchen seine Eier, zwei, nur ausnahmsweise drei an der Zahl. Diese Eier sind immer weiss, zuweilen gelblich, selten mit schwachen hellgelben Fleckchen versehen. Es existiren auch einzelne Exemplare mit kleinen rothbraunen Fleckchen als grosse Raritäten in grossen Sammlungen, doch kommt das äusserst selten vor. Sowohl in von Meyerincks „Naturgeschichte des Wildes", als auch im „Deutschen Jagdbuch" sind die Eier als „weiss, roth und braun gefleckt" beschrieben; auf diesen Fehler im „Deutschen Jagdbuch" hat schon Altum hingewiesen mit den Worten: „nie gefleckt, unter Hundert kaum eins mit feinen braunen Kritzelfleckchen," aber in von Meyerincks zweiter Auflage hätte dieser arge „lapsus calami" verbessert werden müssen. Die Seeadlereier sind innen grünlich und messen circa 67 bis 76 : 54 bis 57 mm. Beide Alten brüten mit grosser Aufopferung. Will man den alten Seeadler im Abstreichen von den Eiern schiessen, so muss man vorsichtig hinan schleichen; der Adler verlässt gewöhnlich beim ersten Stoss an den Baum, oder bei lautem Rufen die Eier, wo der mächtige Körper dann freilich nicht schwer zu treffen ist. Zuweilen hält es schwer, bis an den Horstbaum zu gelangen, ohne dass der Alte abgestrichen ist.

Die Jungen verlassen die Gegend, sobald sie ausgewachsen sind, was aber sehr lange dauert. Sie führen nun mindestens zwei oder drei Jahre lang ein Wanderleben und kehren dann erst, weil sie erst dann ihre Fortpflanzungsfähigkeit und zum Zeichen derselben ihr Alterskleid erlangen, in ihre Heimath zurück, um zu horsten. Sie mögen es dann freilich mit der alten Heimath nicht so genau nehmen, sondern auch an anderen für sie wirthlichen Gestaden horsten, wofern sie nur ein gleichgesinntes Individium des anderen Geschlechtes an sich zu fesseln vermögen. Die Zahl der Männchen scheint grösser zu sein als die der Weibchen, daher erstere oft schwere Kämpfe miteinander bestehen.

Die alten Adlerpaare verlassen nur dann ihren Standort, wenn Nahrungsmangel eintritt. Die hochnordischen Seeadler streichen dann auch herab von ihren meerumwogten Vogelbergen und folgen den Schwärmen der Enten und Alken in südlichere Gewässer, oder besuchen auch die Wälder und Felder, um am Wilde sich gütlich zu thun, denn der Seeadler ist ein furchtbarer Räuber. Wenn auch grosse Fische einen Hauptbestandtheil seines Raubes bilden, so stellt er doch auch unablässig dem Wassergeflügel nach, welches insgesammt eine tödtliche Angst bei seinem Anblick befällt. Im Binnenlande schlägt er eine Menge Hasen, selbst Rehkälber, Lämmer und Zicklein, und es sind sogar Fälle vorgekommen, in denen er, gleich dem Steinadler selbst an dem Herrn der Schöpfung sich vergriffen hat.

Ausserdem aber fällt der Seeadler mit grosser Gier auf Fallwild und Luder aller Art, wo er sich oft übermässig vollkröpft. Gelegentlich einer Nachsuche nach einem am Tage vorher von fremden Schützen auf einer Treibjagd angeschossenen Rehbock scheuchte mein Vater auf der Frischen Nehrung — vor nunmehr vier Jahren — von dem mittlerweile verendeten Rehbock nicht weniger als vier Seeadler auf, welche den Bock schon etwa zur Hälfte gekröpft hatten. Leider strichen die Adler schon ausser Schussweite ab und mein Vater sah auch einen Fuchs davonschleichen, welcher sich allem Anscheine nach trotz seines Hungers in respectvoller Entfernung gehalten hatte, um nicht mit den Adlern zusammen zu gerathen.

Aus dem Gesagten geht zur Genüge hervor, dass der Jäger es sich ernstlich angelegen sein lassen muss, diesem gewaltigen Räuber mit allen Kräften nachzustellen, zumal er wenig andere Feinde hat. Nur kommt es vor — ein-

Der Seeadler (Haliaetos albicilla, Linné).

mal auch in der Ostsee wenige Meter von der Südmole des Pillauer Tiefs —
dass gewaltige Störe oder Hechte, Lachse und dergleichen den Adler, der seiner
Kraft zu viel zugetraut, in die Tiefe ziehen, da er oft nicht im Stande ist,
die mächtig eingeschlagenen Fänge zu befreien; auch könnte es ihm übel bekommen, wenn er, wie beobachtet worden, Meister Reineke zu schlagen versucht.
Ausser am Horste kann der Seeadler mit Erfolg im Winter von der Luderhütte aus geschossen werden, auch wohl beim Uhu, auf den er manchmal eifrig
stösst. Auf dem Frischen Haff wurden wiederholt Seeadler von aus Eisschollen
gebauten Hütten am Rande des Haffeises oder einer „Blänke" geschossen, während sie die als Lockenten zum Entenschiessen ausgeworfenen todten Enten
schlugen. Ausserdem werden manche in Tellereisen gefangen, wobei als Köder
am besten ein grosses Luder benutzt wird. Auch im Schwanenhals haben sich
statt des Fuchses schon Seeadler gefangen. Die Vertrautheit resp. Nichtver-
trautheit ist nach den Gegenden verschieden. Bei uns ist er so scheu, dass er
selbst auf Büchsenschussweite selten aushält, in unbewohnten Gegenden ist er
äusserst vertraut.

Zum Schlusse sei noch bemerkt, dass die in der Nähe der See horstenden
Seeadler sich die meiste Nahrung aus dem Wasser holen und man es daher nicht
für ein Unrecht halten kann, wenn solche Horste, welche das einzige Adlerpaar
in weiter Umgegend bewohnt, geschont werden, wie das verschiedentlich geschieht, d. h. dass die beiden Alten nicht erlegt werden, während von den
Jungen meist alljährlich mit der Büchse vom Horstrande oder in der Nähe kurz
nach dem Ausfliegen geschossen werden.

22. Der Fischadler
(Pandion haliaëtos, Linné).

Flussadler, Weissfalch, Falco und Aquila haliaëtos.

Weithin im Fluge von allen Verwandten zu unterscheiden an dem **stark
hervortretenden Flügelbug**, den langen, schmalen, weihenartig gebogenen
Flügeln und der bald auffallenden leuchtend weissen Farbe.
Es ist nämlich die ganze Unterseite von einem reinen Weiss, nur
am Kropf zeigen sich bald mehr, bald weniger hellbraune Flecke, welche oft
halsbandförmig erscheinen. Der Kopf und Nacken ist weiss mit schwarzbraunen
Längsflecken, übers Auge und von diesem am Halse hinunter zieht sich ein
bräunlichschwarzer Streifen; die ganze Oberseite ist dunkelbraun, die Federn
am Endsaum etwas lichter; der Schwanz, den die Flügel weit überragen, ist
braun und schwarz gebändert. Durch die vereinte Einwirkung von Sonne und
Wasser wird der Rücken mit der Zeit wohl etwas heller und das reine Weiss
der Unterseite etwas schmutzig-gelblich. Der Schnabel ist schwärzlich, die
gewaltigen rauhen Fänge sind bläulichweiss, die langen, scharfen Krallen tief-
schwarz, das schöne, kühn blickende Auge goldgelb. Die Jungen sind sehr

ähnlich; das Weibchen ebenfalls sehr wenig verschieden, nur etwas stärker und am Kropfe mehr gefleckt.

Die Flugbreite beträgt im Durchschnitt 160, die Länge 56 cm.

Der Fischadler kann kaum mit einem anderen Vogel verwechselt werden. Die ganz unbefiederten hellblauen Ständer, das Fehlen der Hosen, die weisse Unterseite, das Alles kennzeichnet ihn zu sicher.

Der Fischadler ist Weltbürger, wie wenig andere Vögel, denn es scheint, als ob die in allen fünf Erdtheilen heimischen Fischadler artlich nicht verschieden seien. Im Gegensatz zum Seeadler sind einzig und allein Binnengewässer, Seen und Flüsse seine Lieblingsgewässer, daher man ihn Flussadler nennt.

In Deutschland ist er noch in vielen Gegenden Horstvogel. In der Mark giebt es zahlreiche Horste, in Pommern, Ost- und Westpreussen, Mecklenburg; namentlich unsere Landseen fesseln ihn dort. Im Westen Deutschlands ist er seltener.

Bei uns in Deutschland horstet er nur auf Bäumen und zwar meistens auf Kiefern oder Eichen. Mehr noch als der Seeadler wählt er aber zum Stand des Horstes einen oft sehr weit vom Wasser entfernten Platz und ist mit seinen gewaltigen Schwingen auch ohne Schwierigkeiten im Stande, täglich viele Kilometer zu durchmessen. Der Horst hat insofern von allen Horsten die schönste Bauart, als er fast immer auf den höchsten Spitzen der ältesten Bäume erbaut ist. Ich habe Horste selbst erstiegen, von denen aus man nicht nur einen grossen Theil des umliegenden Waldes, sondern auch zwei Landseen überblicken konnte. Es konnte hier der brütende Adler seinen Gatten beim Fischen beobachten, und ich glaube gewiss, dass ein oft ganz unmotivirt erscheinendes Freudengeschrei des brütenden Adlers dem glücklichen Fang seines Gatten galt, denn gewöhnlich erschien er bald darauf vom See her mit einem Fisch in den Fängen.

Die Horste stehen nur höchst selten anders als angegeben. In baumarmen Gegenden Afrikas wird wohl ein Mimosenstrauch, eine Felsenklippe, oder der flache Boden gewählt; in Ostpreussen habe ich ausnahmsweise einen auf einem starken Seitenast einer Kiefer gebauten Horst gesehen, ebenfalls, wie so oft, auf einem alten Ueberständer. Oft ist der Horst so breit und hoch, dass man wohl mit dem Kopf bis unter denselben, aber nicht hineingelangen kann; da helfen dann keine Steigeisen und sonstigen Hülfsmittel und es kann vorkommen, dass man, ohne den Inhalt gesehen zu haben, wieder herab muss.

Der Horst wird nämlich viele Jahre benutzt und alljährlich erhöht, bis oft der durch das scharfe Geschmeiss abgestorbene Wipfel die Last nicht mehr zu tragen vermag und vom Sturme abgebrochen wird. Der Bau wird aus starken Knüppeln zusammengetragen. Die meisten Baumaterialien nimmt der Adler aus dem Wasser, und fand ich daher auch die ganze Mulde ostpreussischer Horste mit Kiefernrinde ausgelegt, welche er aus den Seen, in denen sie vom Flossholz massenhaft schwimmt, aufgefischt hatte; ich sah aber auch, wie er dürre Aeste durch Wippen abbrach, was einen eigenen Anblick gewährte.

Die Eier werden bei uns Anfang Mai, auch wohl schon Ende April gelegt. Es sind bei uns in der Regel drei an der Zahl, man findet aber auch zwei und vier Stück.

4

Diese Eier gehören zu den allerschönsten Raubvogeleiern und variiren ausserordentlich in den Maassen, von 65:48, 61:47 bis 58:43 mm; Regel etwa die mittleren Zahlen. Auch die Farbe ist ganz verschieden. Der Grund ist bald rein weiss, bald röthlich oder bräunlich; darauf stehen violetgraue Schalenflecke, darüber chokoladenbraune, dunkelrothbraune oder gar blutrothe Flecke, die sehr zahlreich sind, häufig das ganze Ei bedecken, zuweilen gross und kranzförmig sind. Selbst die Eier eines Geleges variiren häufig ziemlich stark.

Es ist allerdings nicht selten, dass dem brütenden Weibchen zuweilen von dem Männchen bei glücklichem Fange Fische zugetragen werden, aber verkehrt ist der Schluss, das Weibchen brüte allein; beide Alten brüten! Wenn man vorsichtig hinanschleicht kann man beide im Abstreichen von den Eiern schiessen. Die Brütezeit dauert etwa 24 Tage.

Der Fischadler ist unser schönster Raubvogel. Sobald die Wasser nicht mehr dampfen — also später als andere Vögel — erhebt er den langen Fittig und streift hin über die Seen und Ströme, dabei täglich denselben Strich innehaltend.

Wo er Fische zu sehen glaubt, rüttelt er gewöhnlich und stürzt dann wie ein Pfeil ins Wasser, dass es hoch aufspritzt und oft über ihm zusammenschlägt. Sein kurzes, knappes, fettiges Gefieder, das ihm vor allen anderen Raubvögeln auszeichnet, befähigt ihn dazu, dass er emportauchend die Wassertropfen von sich schüttelt und trockenen Fittigs weiterstreift. Ihn so zu beobachten gehört zu den anziehendsten Bildern des Vogellebens. Um so mehr kann sich der Waidmann hieran erfreuen, als er durchaus nicht und in keiner Weise zu befürchten hat, dass der herrliche Adler dem jagdbaren Wilde irgend welchen Schaden zufügt.

Fische einzig und allein bilden seinen Raub, nur in äusserster Noth soll er auch an Wasserfröschen und Schlangen sich vergreifen, doch sind diese Fälle so selten, dass wohl kaum Jemand Gelegenheit haben wird, dergleichen zu beobachten. Trotzdem verfolgt der Mensch ihn mit Recht als einen der schlimmsten Fischräuber. An den grossen Seen mit wilder Fischerei bedauere ich aufrichtig die eifrige Verfolgung dieses stolzen Vogels, andererseits kann man nicht verlangen, dass er geschont werde. Ausser dem Menschen werden ihm mehr als dem Seeadler die grossen Fische selbst gefährlich, welche ihn zuweilen in die Tiefe ziehen.

Die Jagd auf sich erschwert er durch ausserordentliche Schlauheit und Vorsicht. Er kann freilich mit Tellereisen, die man im Wasser aufstellt und mit Fischen ködert, gefangen werden, auch kann man ihm an den Gewässern auflauern, wer viel Zeit hat, aber am Horste wird die Jagd ohne Zweifel am wirksamsten sein. In Gegenden, in denen er weniger verfolgt wird, ist er recht vertraut, so z. B. schon an der unteren Donau, mehr noch in Afrika; bei uns gehört er, wie schon gesagt, zu den sehr vorsichtigen Raubvögeln.

Er ist ein Zugvogel, der sich bei uns vom April bis in den Herbst hinein aufhält.

23. Der Schlangenadler
(Circaëtos brachydactylus, Temm).

Schlangenbussard. Natternadler, Natternbussard; Circaëtos gallicus, Gmel., Aquila brachydactyla, gallica, leucopsis.

Dieser grosse Adler ähnelt in seinem Wesen sehr den Bussarden. Die Ständer sind unbefiedert, wie beim Mäusebussard. Kropf und Kehle sind lebhaft hellbraun, die übrige Unterseite weiss mit kleinen hellbraunen Querflecken, welche bei alten Vögeln fast verschwinden. Kopf und Hals weiss mit braunen Schaftflecken, im Alter heller. Oberseite dunkelgraubraun mit etwas helleren Federkanten. Schwanz dunkelgraubraun mit einem weissen Endsaume und drei breiten schwarzen Querstreifen. Auge gelb, Schnabel bläulichschwarz, Ständer und Fänge hellblau. Länge circa 69 cm, Flugbreite 175 cm und darüber, Männchen etwas schwächer.

Der Schlangenadler ist im Fluge an der düsteren Oberseite, hellen Unterseite, den grossen Fittigen und der Stärke überhaupt von Bussarden zu unterscheiden; wenn er aufgehakt ist, macht ihn die völlig aufrechte Haltung und der ausserordentlich dicke Kopf mit den grossen Augen kenntlich.

Er ist überall selten. Er ist horstend auf dem Westerwald, in Pommern, Preussen und einigen anderen Orten, auf dem Durchzug aber in fast allen Theilen Deutschlands gefunden; weniger selten ist er im Südosten, ist aber nördlicher noch nicht beobachtet.

Er baut seinen Horst bei uns auf Bäumen, meist hoch, aber nicht immer. Förster Kayserling hat ihn in der Johannisburger Haide in Preussen hoch auf einem Kiefernaste in ungewöhnlich kleinem Horste gefunden, durch dessen schwachen Boden man das Junge durchschimmern sah. Oberförster Hoffmann in grossem Horste auf niedriger Moosbruchkiefer in Lithauen, aus dem er „das grosse hellgrüne Ei bekam und das Weibchen erlegte". Das Ei ist dem des Seeadlers sehr ähnlich, eher noch grösser als kleiner, meist dicker als jenes, also verhältnissmässig gross und nur durch die dichten grossen Poren zu unterscheiden.

Der Vogel ist am Horste sehr misstrauisch und vorsichtig, sonst aber so ausserordentlich vertraut wie kein anderer unserer grossen Raubvögel, sodass er sich nicht selten unterlaufen lässt. Forstaufseher Wels, ein tüchtiger Raubvogeljäger, berichtet mir, dass er schon mehrfach vergeblich an ihn heranzuschleichen versuchte, also mögen auch bisweilen Ausnahmen vorkommen.

Zum Raube wählt er vorzugsweise Schlangen, Frösche und Eidechsen, auch Fische, Mäuse, Ratten, Schnecken, Würmer und dergleichen, vergreift sich aber auch an Vögeln. Immerhin ist er zu selten, um fühlbaren Schaden zu thun und Beobachtungen über ihn sicher von grösserem Werthe als die Erlegung solch interessanten Thieres, auch ist nicht unwahrscheinlich, dass er zumeist ziemlich indifferente, dann ausserdem wohl noch ebenso viele oder mehr schädliche als nützliche Thiere schlägt. Er ist ein Zugvogel.

24. Der rothe Milan

(Milvus regalis. Brisson).

Rother Gabelweih, Königsweih; Falco milvus, Linné, Milvus ruber und vulgaris.

Ein herrlicher Vogel, der fliegend mit dem Fischadler an Schönheit wetteifert; kenntlich in weiter Ferne an dem langen, tiefgegabelten Schwanz, dem langen Fittig mit dem stark hervortretenden Flügelbug. Fänge ziemlich schwächlich, der kurze Ständer unten nicht befiedert. Schwanz sehr lang, Hosen lang und weich, ganzes Gesammtgefieder lang und weich. Die ganze Unterseite schön rostroth mit schwarzen Schaftflecken, die nach dem Bauche zu schmäler werden. Kinn, Kehle und Kopf weiss mit schmalen, schwarzen Schaftstrichen, der letztere oben mit einem schwachen röthlichen Schimmer. Halsfedern rostroth mit weisslichen Säumen und schwarzen keilförmigen Schaftflecken, ebenso die Oberflügeldeckfedern. Schwingen braunschwarz, Rücken schwarzbraun mit hellen Federrändern. Schwanz in der Mitte herrlich rostroth ohne Binden, nur die äusseren langen Federn mehr dunkelbraun mit schmalen schwärzlichen Querbinden. Schnabel immer hell, gelblich graubraun oder schwach bläulich, höchstens an der äussersten Spitze etwas schwarz. Wachshaut und Fänge dunkelgelb, Auge perlweiss oder gelblichweiss. Das Weibchen ist stärker, der Rücken desselben düster braun, Unterseite weniger rostroth, als vielmehr rothbraun, sonst aber sehr ähnlich. Junge haben einen schwarzen Schnabel, sind am Kopfe wenig oder gar nicht weiss und am Körper heller und weniger scharf gezeichnet. Länge 67, Flugbreite 150 bis 160 cm, grösste Länge des Schwanzes 38 cm.

Dieser schöne Vogel ist in Europa und Asien in ebenen Gegenden heimisch, in Deutschland meist nicht selten, nur im höheren Gebirge fehlend und in Westfalen sehr selten, theilweise sogar ganz fehlend.

In der Regel kommt er schon im März. Der Beginn des Horstbaues ist sehr verschieden. Man findet Eier vom Ende April bis nach Mitte Mai, die meisten allerdings im Anfang Mai. Der Horst ist verschieden angelegt, meist aber in halber Höhe der Bäume.

Wenn er vom Gabelweih selbst erbaut ist, so ist es niemals ein sehr bedeutender Bau, oft aber vergrössert er ihn sehr durch jahrelange Benutzung und nimmt auch gern Horste anderer Vögel ein. Immer findet man an und in dem Horste Tuchlappen, Papierwische, um deren vorherige Benutzung der Weih sich wenig kümmert, alte Handschuhe und dergleichen mehr. Die Mulde ist flach und in ihr gewöhnlich zwei oder drei, zuweilen auch vier Eier, welche Bussardeiern ähneln. Oft sind sie etwas grösser, die Flecke von einer mehr röthlichen Färbung und an der feineren Zeichnung, welche fast immer feine Schnörkel, Striche und Figuren enthält, zu erkennen. Ich habe indessen auch ausnahmsweise Bussardeier mit Schnörkeln gefunden und Gabelweiheneier, denen dies Charakteristikum fehlte — ein einzelnes Ei ist daher oft nicht zu bestimmen, ein Gelege schon eher, und eine kleine Collection beider Eier zeigt sehr deutlich die Unterschiede. Die Maasse der Eier sind durchschnittlich 53 bis 63:42 bis 46 mm.

Es wird angenommen, dass das Weibchen allein brütet; ich habe auch nur brütende Weibchen gefunden, doch bitte ich dem Gegenstande Beachtung zu schenken, da mir Forstbeamte versicherten, beide Alten vom Horste geschossen zu haben. Gegen das Mitbrüten des Männchens spricht allerdings der Umstand, dass es dem brütenden Weibchen Frass in den Horst trägt; doch sahen wir, dass dies beim Fischadler auch zuweilen geschieht, obgleich beide Eltern brüten. Die Dunenjungen unterscheiden sich von denen anderer Raubvögel durch die langen, seidenweichen Dunen. Beide Eltern tragen ihnen reichlich Frass zu. Dieser besteht in den allerverschiedensten Dingen. Fische versteht der rothe Milan vortrefflich zu schlagen. Mäuse und Frösche, Maulwürfe, Junghasen, leider auch eine Menge jungen Federwildes. Selbst Eier verschmäht er nicht. Viele Forscher glauben nun, dass die Zahl der schädlichen Thiere, welche er schlägt, die der nützlichen Arten übertreffe, während die meisten Jäger wohl nicht mit Unrecht in ihm einen unter allen Umständen zu verfolgenden Jagdfeind erblicken. So sehr gern ich auch den Flugkünsten dieses Vogels zuschaue, so ungern ich ihn auch gänzlich in den heimischen Waldungen missen möchte, so kann ich doch unmöglich auf Seite der Vertheidiger der Gabelweihen treten, denn ich fand in den Horsten mit Eiern und Jungen neben Fröschen und zahlreichen Fischen junge Kiebitze, Enten und dergleichen fast regelmässig, in den Magen alter geschossener Vögel Junghasen bis zu einer ziemlichen Stärke, Frösche, Fische, junge Vögel, auch Mäuse und Maulwürfe, letztere beiden aber sehr in der Minderzahl. Ich habe auch den rothen Milan tage- und wochenlang über den Seeufern schweben sehen, an denen er sicher wenig Mäuse schlug, wohl aber fischte und häufig mit Raub aus dem Schilf und den Binsen hervorkam, der für Frösche zu gross war und aus lauter jungen Wasservögeln zu bestehen schien. Ich kann daher dem Jäger nur den Rath ertheilen, soviel als möglich dem Gabelweih nachzustellen und werde in meiner Ansicht von vielen trefflichen Forschern unterstützt. Ich will auch schliesslich noch erwähnen, dass er viele Engerlinge und andere Larven vertilgt, auch gierig auf Luder aller Art fällt, andererseits aber auch wieder von den Gehöften mit bewundernswerther Ausdauer und Geschick junges Geflügel raubt.

Die Stimme ist ein lautes, helles Trillern, das man namentlich am Horste hört.

Die geeignetste Art, ihn zu vermindern, ist ohne Zweifel die Jagd am Horste. Man findet meistens angegeben, der Gabelweih sitze sehr fest im Horste; ich habe dies in der Regel bestätigt gefunden, aber auch Fälle beobachtet, in denen der noch nicht beunruhigte Vogel so lose sass, dass ihm auf keine Weise mit der Flinte beizukommen war. Wo sie viele Nachstellungen erfahren, werden sie so scheu, wie irgend ein Vogel, während sie bei völliger Schonung mehr als vertraut werden. Bei uns gelingt es fast nie, ihn bis auf Schrotschussweite anzuschleichen. Auf den Uhu stösst er heftig und kann auch in kleinen Tellereisen gefangen werden.

Er verlässt uns gewöhnlich Ende September und Anfang Oktober.

25. Der schwarze Milan

(Milvus ater, Gmelin).

Schwarzer, schwarzbrauner Gabelweih, Wassermilan: Falco und Milvus niger,
fuscoater, aegypius, Hydroictinia atra.

Der rothe und der schwarze Milan (Milvus regalis, Brisson, und Milvus ater, Gmelin).

Dem rothen Milan ähnlich, aber schon von Weitem an dem nur schwach
gegabelten Schwanze, welcher nur etwa 2 cm tief ausgeschnitten ist, zu erkennen. Ausserdem ist der Schwanz dunkelbraun mit acht bis zwölf schwarzen
Querbändern, der Schnabel in allen Kleidern schwarz, das Auge hellgraubraun
oder gelblichgraubraun, die Färbung an Kopf und Hals dunkelgrau mit schwarzen Schaftstrichen; die ganze Farbe an Stelle des schönen Rostroth beim rothen
Milan bei unserem Vogel von einem dunkelen Graubraun. Die Stärke ist ge-

ringer. Länge nur 56 cm, Flugbreite 145 cm. Die Jungen sind denen des
rothen Milan ähnlich, aber dunkler; an der Unterseite sind sie röthlichbraun
mit hellgelben Federspitzen und schwarzen, schmalen Schattflecken; wie beim
rothen Gabelweih ist auch bei ihm von der Schwanzgabel noch eine Weile
nach dem Ausfliegen nichts zu sehen. Schnabel schwarz, Wachshaut und
Fänge gelb.

Der schwarze Gabelweih ist in Deutschland nur in einigen Gegenden Horstvogel, besonders an den norddeutschen Seenplatten und in einigen Theilen des
Südwestens. In Ostpreussen z. B. ist er in den Seengegenden nicht selten,
theilweise sogar sehr häufig, z. B. an den masurischen Seen häufiger als der
rothe Milan anzutreffen. Er ist aber auch an vielen Orten Mecklenburgs,
Pommerns, Schlesiens, der Mark und der Maingegend u. a. nicht ganz selten,
obgleich seine eigentlichste Heimath Oesterreich-Ungarn und überhaupt mehr
der Südosten unseres Erdtheils ist. Noch mehr als der rothe Milan liebt er
die Nähe des Wassers, da er mehr noch als dieser aus ihm seinen Raub ent-
nimmt. Fische versteht er nämlich noch besser zu schlagen, und bemerke ich,
dass es ein verbreiteter Irrthum ist, die Milane kröpften nur todte und kranke
Fische — sie verstehen beide auch gesunde Fische zu schlagen, natürlich meist
im flachen Wasser, da sie ihres lockeren Gefieders wegen nicht tauchen können.

Seine K. K. Hoheit Kronprinz Rudolf von Oesterreich, der in Brehm's Thierleben ein vortreffliches Lebensbild des schwarzen Milanen gezeichnet hat, sagt
dort u. a.: „Zwar ist unser Milan ein nicht ungeschickter Fischer, findet
es aber bequemer zu betteln und zu schmarotzen. Auch im Fluge jagt er den
grossen Wasservögeln und Fischadlern Beute ab, ebenso wie der Königsweih
im Walde den Adlern, Bussarden und Falken beschwerlich fällt und gefangenes
Wild zu entlocken weiss. Abgesehen von Fischen bilden junge Hasen, Hamster,
Ziesel und Mäuse, vor allen aber Frösche seine gewöuliche Nahrung." Ferner
wird die ausserordentliche Keckheit beim Rauben jungen Geflügels von den
Hühnerhöfen geschildert und erzählt, wie unser Milan sich gewöhnlich in den
Reiherkolonien ansiedelt und hier fast nur von den herabgefallenen Fischen lebt.
Auch in Deutschland lieben sie des leicht zu findenden Frasses halber die Nähe
der Reiher und thun hier freilich wenig Schaden; wo sie dies aber nicht haben
können, thun sie, ausser dem wenig ins Gewicht fallenden Fischraab, an Junghasen, Sumpf- und Wasservögeln Schaden. Ich fand z. B. völlig ausgewachsene
Kiebitze in den Horsten, Andere junge Enten, Lerchen und dergleichen. Es
kann daher dem Waidmann nur gerathen werden, seiner Vermehrung in deutschen Landen Einhalt zu thun.

Die Jagd am Horste ist in unseren Gegenden schwieriger als beim rothen
Gabelweih; er sitzt sehr lose auf den Eiern; wenn er auch, wie es manchmal
geschieht, erst aufs Klopfen sich aus dem Horste stürzt, so hat man ihn doch
noch nicht sicher in Händen, denn er verlässt den Horst gewöhnlich nach der
Seite, wo man es nicht erwartete und benutzt dann jede Deckung so geschickt,
dass er auch von tüchtigen Schützen leicht gefehlt wird. Auf den Uhu scheint
er nicht zu stossen, sondern ihn nur aus gemessener Höhe zu beobachten. Beim
Absuchen der Seeufer kommt er zuweilen vor die Flinte, wenn er plötzlich um

eine Waldecke oder ein Rohrdickicht biegt, scheut auch den Kahn wenig, weil er meist Fischer vermuthet und kann auch so zuweilen geschossen werden, das einzig Reelle bleibt aber doch die Jagd am Horste.

Der Horst ist immer klein und gewöhnlich nicht hoch angelegt, doch nimmt er auch fremde Nester in Besitz, daher Ausnahmen vorkommen. Immer belegt auch er den Horst mit oft widerlichen Lumpen und Papieren, die im besten Falle von fettigen Frühstückbrödchen herrühren.

Die Eier findet man zu verschiedenen Zeiten, gewöhnlich später als die des rothen Gabelweihen, von Anfang bis Ende Mai, in südlichen Gegenden früher. Das Gelege besteht oft nur aus zwei, meist drei, selten vier Eiern, welche denen des rothen Milan fast gleichen. Im Durchschnitt sind sie etwas kleiner, haben viele ganz feine schwarze Pünktchen und wenig Zeichnung, lassen sich aber manchmal von denen des Bussard und anderer Gabelweihen nicht unterscheiden. Sie messen 55 bis 57 : 42 bis 44 mm. So leicht bei uns der Brutvogel abstreicht, so fest sitzt er in anderen Gegenden. Homeyer und Brehm haben sich an der unteren Donau mehrmals vergeblich bemüht, ihn durch Klopfen und Lärmen vom Horst zu scheuchen und fanden ebenfalls, dass der Schuss auf den endlich abstreichenden Vogel nicht leicht war. Es ist wahrscheinlich, dass nur das Weibchen brütet.

Der schwarze Milan ist ebenfalls ein Wandervogel, der Ende März oder Anfang April zu uns kommt und uns im Spätherbste verlässt.

Er hat dasselbe trillernde Pfeifen wie sein rother Bruder, doch scheint es mir etwas heller, feiner zu sein.

26. Die Rohrweihe
(Circus rufus, Gmelin).

Der oder die Sumpf-, Schilf-, Rohrweih oder -Weihe, Bruchweihe, Circus oder Falco aeruginosus, aerundinaceus und rufus.

Die Rohrweihe ist zwar ein schöner, mit herrlichem Flugvermögen begabter Vogel, aber leider einer der schädlichsten aller unserer Vögel. Es hat fast den Anschein, als sei der von ihr verursachte Schaden noch bedeutender als der vom Hühnerhabicht; denn während letzterer meist grosse Vögel schlägt, lebt die Rohrweihe im ganzen Frühjahr und Sommer fast nur von jungen Vögeln und Eiern, deren sie überaus viele zu ihrer Sättigung bedarf. Es giebt viele Jäger, welche die Rohrweihe wenig kennen und ihr nicht mehr nachstellen als den Gabelweihen, welche der Rohrweihe gegenüber reine Engel sind, während den Schaden des Hühnerhabichts ein Jeder zu schätzen weiss und ihn gebührend verfolgt.

Die Rohrweihe ist mit ihren langen Flügeln und dem langen Schwanz eine echte Weihe und als solche an ihrem raschen, gankelnden Fluge kenntlich. Von anderen Weihen könnte man sie im Fluge vielleicht schon an dem dunkeln Bürzel und der beträchtlicheren Stärke unterscheiden, auch sind alte Vögel nie so hell als die Alten anderer Weihenarten.

Der junge Herbstvogel ist ganz dunkelchokoladenbraun mit einigen wenigen hellbraunen Federrändern, der Kopf gelb, bald rostgelb, bald weisslichgelb mit meist nur wenigen kleinen dunkeln Schaftstrichen. Beim älteren Vogel ist der Kopf röthlichbraun mit dunkleren Schaftflecken, auf den Flügeln ein durch die Oberflügeldeckfedern und einen Theil der Armschwingen gebildeter bläulichgrauer Fleck; Schwanz blaugrau, unten röthlich angeflogen; beim Weibchen sind die Farben dunkler, der helle Flügelfleck schwach ausgeprägt, auch der Schwanz mehr graubraun. In allen Kleidern ist die Rohrweihe von den übrigen Weihen durch den stets braunen, niemals weissen Bürzel zu unterscheiden. Schnabel schwach und kurz gebogen, bläulichschwarz, Auge gelb oder röthlich, die langen, unbefiederten Ständer und die gestreckten, mit langen schwarzen Krallen bewehrten Fänge gelb. Länge 53. Flugbreite 128 cm, Weibchen stärker.

Die Rohrweihe ist über fast ganz Europa, einen grossen Theil Asiens und Afrikas verbreitet und in Deutschland in fast allen Gegenden, in denen sich Sümpfe und Brücher befinden, nicht selten. Sumpf und Wasser können sie nicht entbehren und legen auch ihren Horst auf kleinen Inselchen und Bülten, oder im Rohr auf umgeknickten Halmen an, immer aber auf dem flachen Boden. Er ist ein aus Reisern zusammengetragener grosser aber niedriger Haufen, in dem im Mai vier bis fünf, seltener sechs weisse, ungefleckte, glanzlose Eier liegen, die von Euleneiern durch das grüne Innere zu unterscheiden sind. In einer grösseren Eiersammlung fand ich ein Weihenei als Eulenei, ebenso ein zufällig ungeflecktes, kleines rundliches Ei vom Bussard oder Gabelweih als Uhuei bezeichnet, konnte aber in beiden Fällen an dem bei den Weihen-, Bussard- und Milaneneiern immer, bei Euleneiern aber niemals grünlichen Innern den Beweis der Unrichtigkeit führen. Die Eier messen 40 bis 50 : 30 bis 40 mm.

Drei Wochen werden sie vom Weibchen allein bebrütet, und die mit sehr weichen Dunen bedeckten Jungen werden fast nur mit jungen Vögeln grossgezogen. Den ganzen Tag schleicht das alte Paar durch Rohr und Schilf hindurch, die Brutvögel auf den Eiern schlagend, junge Enten, Gänse, überhaupt alles Geflügel, namentlich auch Rohrhühner, Wasserhühner, Haubentaucher ihren Jungen zutragend, selbst aber grösstentheils von Eiern lebend, deren grössere sie geschickt auszutrinken verstehen, deren kleinere sie sammt der Schale verschlucken. Sie sind somit im Stande, ganze vogelreiche Sümpfe vogelarm zu machen.

Gewöhnlich steht die Weihe dicht vor dem Hunde oder Jäger auf und streicht langsamen Flügelschlages mit lang herabhängenden Ständern fort, wo sie aber Nachstellungen gewohnt ist, wird sie scheuer. Sie wird deshalb weniger bemerkt, weil sie immer niedrig über die Sümpfe hinstreicht und nur zur Zeit der Alles belebenden Liebe sich zu prächtigen gaukelnden Flugspielen hoch in die Lüfte schwingt, unter vielem Geschrei und allen möglichen Capriolen die stillen Sümpfe belebend. Die Stimmen sind verschieden, nicht so angenehm pfeifend wie die einiger anderer Raubvögel, sondern ein mehr hellschreiender Ton.

Der Jäger, der in der Verfolgung der Rohrweihe niemals rasten sollte, wird sich namentlich auf die Aufsuchung der Horste legen müssen. Diese stehen

freilich meist an Orten, die nur watend und oft nicht ohne Gefahr zu erreichen
sind, ausnahmsweise aber auch im Getreide oder hohen Grase weiter vom
Wasser entfernt. Der für seine Wasserjagd besorgte Jäger wird aber selbst
Anstrengung und nasse Beine nicht scheuen, und wenn er den Horst einmal
gefunden hat, wird er das erst kurz vor ihm abstreichende Weibchen, manchmal
auch noch das Männchen, welches sich aufopferungsvoll nähert, sicher erlegen.
Mit dem Uhu ist wenig oder nichts auszurichten. Obgleich sie ihren regel-
mässigen Strich hat, glückt es auch fast niemals, sie anlauernd zu schiessen,
denn einestheils lässt sich oft im tiefen Sumpfe keine Deckung ermöglichen,
andererseits ist die Weihe mit ihrem scharfen Gesicht nicht leicht zu täuschen
— trotzdem wird der aufmerksame Jäger immer Mittel finden, sie zu beseitigen.

27. Die Wiesenweihe
(Circus cineraceus, Montagu).

Bandweih. Circus cineraseens. Falco und Strigiceps cineraceus.

28. Die Kornweihe
(Circus pygargus, Linné).

Grosse blaue Weihe. Circus, Falco, Strigiceps cyaneus.

29. Die Steppenweihe
(Circus pallidus, Sykes).

Kleine blassblaue Weihe. Circus, Falco, Strigiceps Swainsonii und pallidus.

Alle diese drei Weihenarten haben so viel Uebereinstimmendes, dass ich
sie der Kürze halber zusammen behandeln will. Im Gefieder zeigen sie ebenso
wie die Rohrweihe nach Alter, Geschlecht und Jahreszeit soviel Abweichungen
und sind sich im ganzen Aussehen so ähnlich, dass sie sehr häufig nicht richtig
angesprochen werden.

Alle drei haben im Alter ein bläulich-aschgraues, in der Jugend
ein mehr oder minder rothbraunes Kleid. Alle drei sind bedeutend
schwächer als die Rohrweihe, alle drei haben einen ganz oder theilweise weissen Bürzel, den die Rohrweihe niemals hat und alle drei haben
einen viel schwächeren Schnabel als die Rohrweihe.

Bei der Wiesenweihe (Circus cineraceus) ist das alte Männchen oben
bläulichgrau, in der Mitte durch die dunkleren Federsäume mehr dunkelgrau
gefärbt, die Brust hellblaugrau, die übrige Unterseite weiss mit rothen Schaftstrichen; die Flügel hellblaugrau, nicht nur die Spitzen bis reichlich zu einem
Drittel schwarz, sondern auch über die Mitte des Flügels ein schwarzes
Querband, wodurch sie sich von der Korn- und Steppenweihe unterscheidet. Diese Zeichnung entsteht dadurch, dass die Schwingen erster Ordnung schwarz sind, die der zweiten Ordnung hellblaugrau mit schwarzem Bande;

Die Kornweihe
(Circus pygargus, Linné).

Die Wiesenweihe
(Circus cineraceus, Montagu).

Die Steppenweihe
(Circus pallidus, Sykes).

der Schwanz ist hellaschgrau mit vier bis fünf schwarzen Querbinden. Im mittleren Alter und beim Weibchen ist die Oberseite mehr bräunlich, Scheitel rostfarben mit schwarzen Strichen, Unterseite weiss mit rostfarbenen Flecken spärlich versehen. Beim jungen Herbstvogel ist die ganze Unterseite rostfarben ohne Flecke, die Oberseite dunkelgraubraun mit rostfarbenen Flecken. Bürzel weiss, Schwanz und Flügel mit dunkeln Querflecken. Am Auge ein deutlicher weisser Fleck, darunter ein grosser dunkelbrauner Backenfleck. Ständer, Fänge. Wachshaut gelb, Schnabel schwärzlich. Auge bei den Alten gelb, bei den Jungen braun. Durchschnittslänge 43, Breite 120 cm.

Bei der Kornweihe (C. pygargus oder cyaneus) ist das alte Männchen oben aschblau, nur im Genick einige braune Längsflecke, die ganze Unterseite weiss. An den Flügeln ist nur die Spitze schwarz, durch die schwarzen grossen Schwingen gebildet. Im mittleren Kleide ist die Oberseite braungrau — beim alten Weibchen mehr graubraun, sonst fast ebenso — mit hellen Flecken, die Unterseite weisslich mit braunen Schaftflecken. Schwanzdeckfedern weiss mit braunen Schaftstrichen. Schwingen unten quergebändert. Beim jungen Herbstvogel ist die Unterseite rostgelb mit langen Schaftflecken, die Oberseite roströthlich mit grossen schwarzbraunen Schaftstreifen, am Unterrücken mehr dunkelbraun und hellrostfarben gefleckt. Schwanz und grosse Schwingen gebändert. Die langen Ständer, Fänge und Wachshaut gelb, Schnabel hornschwarz, Auge in der Jugend braun, im Alter gelb. Durchschnittslänge 45, Breite 110 cm, also bei etwas stärkerem Körper kürzeren Fittig als die Wiesenweihe.

Die Steppenweihe endlich (C. pallidus oder Swainsoni) hat bei etwa eben so starkem Körper noch etwas kürzeren Fittig als die Kornweihe; das alte Männchen hat eine mehr blasse, matte, hellblaufarbene Oberseite, am Rücken weiss, Bürzel und Schwanz deutlich gebändert; im mittleren Alter und beim alten Weibchen ist Brust und Oberseite braun mit hellrostfarbenen Federkanten, Unterseite weisslich mit rostrothen resp. gelblichrostfarben mit rothbraunen Schaftflecken; bei den Jungen im ersten Jahre die Unterseite hellrostgelb ohne Flecken, wodurch sie sich von den vorigen Arten unterscheiden. Wachshaut und Fänge gelb, Auge gelb im Alter, braun bei den Jungen. Krallen schwarz wie bei den Anderen allen. Länge etwa 45 cm, Breite nur reichlich einen Meter.

Alle drei oben in möglichster Kürze beschriebenen Weihenarten sind Bewohner feuchter Ebenen: Wald und Gebirge lieben sie nicht und lassen sich auch mit ihrem mövenartigen Fluge nicht gut in solchen denken. Unkundige haben mir schon mehrfach alte blaue Weihen in der Ferne hinstreichend als Möven bezeichnet und ist in der That viel Aehnlichkeit vorhanden. Im Fluge lassen sich die drei Arten schwer unterscheiden; die Steppenweihe soll man an den helleren Unterflügeln erkennen können.

Bei uns in Deutschland horsten alle drei, die Kornweihe am häufigsten, die Wiesenweihe seltener, die Steppenweihe noch seltener. Häufiger horstet namentlich die Wiesenweihe in den Donautiefländern, von wo wir die schönste Schilderung der Feder des Kronprinzen von Oesterreich verdanken. Die Steppenweihe gehört mehr noch dem Südosten an. In dem Horste, einem flachen Haufen allerlei weichen Materials, findet man bei uns Mitte oder Ende Mai das gewöhnlich aus vier bis fünf Eiern bestehende Gelege. Die Eier aller drei Arten sind gewöhnlich weiss, feinkörnig und rundlich, manchen Euleneiern nicht unähnlich, aber stets durch die grüne Innenseite der Schale sicher kenntlich. Die der Wiesenweihe sind sehr selten, die der anderen schon öfter mit blasslilafarbenen, röthlichen oder bräunlichen, gewöhnlich spärlichen Flecken versehen und manchmal von ziemlich intensiv hellbläulicher oder grünlicher Färbung — in den meisten Fällen aber weiss. Sie sind in der Regel kleiner als die der Rohrweihen, am grössten noch die der Kornweihen, die der anderen beiden ziemlich gleich gross. Von der Kornweihe durchschnittlich 45 : 35 mm, von der Wiesenweihe 42 : 33 mm und von der Steppenweihe 43 : 33 mm messend. Viele Exemplare sind nicht zu unterscheiden, wie denn auch überhaupt die Weiheneier sehr variiren, und nur eigene Beobachtung oder zuverlässige Kenner die Herkunft der Eier sicher feststellen können. Soviel man weiss brüten wie bei der Rohrweihe die Weibchen allein.

Alle Weihen schweben fortwährend niedrig über die Fluren hin, nur zur Zeit der Paarung sich zu schönen Flugkünsten erhebend. Die Weihen schlagen ausser Mäusen und Fröschen eine Menge jungen Federwildes aller Art. Junghasen und brütende Vögel, Eier sämmtlicher Bodenbrüter. Selbst junge Fasanen sah von Meyerinck von der Kornweihe schlagen, welch letztere überhaupt von unseren drei besprochenen Arten die schädlichste ist. E. von Homeyer sagt: „Was Hühnerhabicht und Sperber für Wald und Gehöfte, das sind die Weihen für Feld und Sumpf!" Weiterhin: „Selbst Lerchen, welche sich bereits eine Strecke vom Boden erhoben hatten, habe ich sie wegfangen sehen. Alle Weihen sind daher zu den allerschädlichsten Vögeln zu rechnen u. s. w." In Oesterreich-Ungarn, wo zahllose mäuseartige Thiere heimisch sind, scheint die Wiesenweihe nicht so schädlich zu sein, welche überhaupt die bei uns häufigste Art, die Kornweihe, nicht an Schädlichkeit erreichen mag. Ich kann mir nicht versagen, hier wieder einige Zeilen aus Erzherzog Rudolfs Schilderung der Wiesenweihe anzuführen: „Die Wiesenweihe lebt bei uns von der Jagd, welche sie auf laufendes, sitzendes, kriechendes Wild, nicht aber auf fliegendes Wild, ausübt. Die vorzüglichste Nahrung bilden Hamster, Ziesel, Feldmäuse, Frösche; ausserdem nimmt sie nicht flugbare Vögel, hier und da ganz junge Hasen, Wachteln und Feldhühner auf. Meiner Ansicht nach steht der geringe Schaden, welchen sie durch ihre Jagd anrichtet, kaum im Verhältniss zum Nutzen, den sie bei uns zu Lande durch Vertilgung von Zieseln, Mäusen und anderen unnützen Nagern leistet."

Die Jagd auf alle Weihen ist nur am Horste sicher zu bewerkstelligen, da sie fest auf den Eiern sitzen. Auch bei der Suche nach Bekassinen, Hühnern etc. kommen sie hier und da zu Schuss, weil sie sich drücken und dicht vor den Füssen aufstehen. Kronprinz Rudolf hat die Wiesenweihe zahlreich vor dem Uhu geschossen, den Höchstderselbe an ihren Brutplätzen aufstellte, im nahen Gebüsch verborgen lauernd. Andere Weihen hat man, soviel mir bekannt, nur selten beim Uhu erbeutet und glaube ich, dass sich auch mit Eisen und Fallen nichts Erhebliches ausrichten lässt.

Aus dem Gesagten geht hervor, dass in unseren Gegenden die Weihen allesammt dem Rohre des Jägers verfallen müssen und der Waidmann sie nicht dulden darf, so sehr auch namentlich das Männchen mit den mövenblauen Farben die Fluren zieren mag.

30. Die Geier
(Vultures).

Ganz kurz nur will ich die bisher übergangenen Geier erwähnen, soweit sie hin und wieder in Deutschland vorgekommen sind.

Von den europäischen Arten ist der einzige Geier, welcher nicht nur dem Systeme nach, sondern auch im eigentlichen Sinne des Wortes ein Raubvogel ist,

a) der Lämmergeier
(Gypaëtos barbatus, Linné).
auch Bartgeier und Geieradler genannt. Vultur barbatus, Brisson.

Er unterscheidet sich von allen unseren anderen grossen Geiern dadurch, dass nur der Kopf mit kurzen dunenartigen Borsten und Federchen bedeckt ist, der Hals aber ordentlich lange Federn wie bei anderen Raubvögeln aufweist.

Er ist einer der grössten Raubvögel und klaftert bis 220 cm. Er ist ein steter Bewohner hoher Gebirge und kommt in solchen noch heutigen Tages in einem grossen Theile Afrikas, Asiens, und Europas vor. In den Alpen ist er sehr selten geworden. Häufiger horstet er in Spanien und Griechenland. In Deutschland könnte er sich höchstens im Alpengebiete einmal zeigen und würde dann seiner Räubereien wegen nicht zu dulden sein, da er ausser Luder aller Art auch die grössten Säugethiere seiner Wohngegend, z. B. Gemse und Steinbock, nicht verschont. Ausser diesem gewaltigen Kämpen wohnen in Europa noch drei Geierarten:

b) der Schmutzgeier
(Cathartes percnopterus, Neophron oder Vultur percnopterus, Linné),

der kaum 1½ Meter klaftert und im Alter ganz weiss mit schwarzen Schwingen in der Jugend schwarzbraun, ebenfalls mit befiedertem Halse, aber nackter Gurgel, Gesicht und Kopf. Er ist im Jahre 1803 in Deutschland erbeutet, auch vielleicht sonst noch unerkannt vorgekommen. Sein Frass besteht aus allerhand todtem Gethier, mag es schon in Fäulniss übergehen oder nicht, aus Excrementen aller Art und dergleichen. Ausserdem stiehlt er freilich auch Eier und verschont unbeholfene flugunfähige Vögelchen und Eidechsen nicht; den Hauptbestandtheil seiner Nahrung aber bildet — Menschenkoth. Er ist daher kein eigentlicher Räuber und würde bei uns zu Lande überhaupt wenig Frass finden.

Kuttengeier
(Vultur cinereus).

Schmutzgeier
(Cathartes percnopterus).

Gänsegeier
(Vultur fulvus).

Häufiger als er zeigen sich in Deutschland die grossen Geier.

c) der Gänsegeier oder weissköpfige Geier
(Vultur oder Gyps fulvus, Brisson)

und d) der graue oder Kuttengeier
(Vultur cinereus, Savigny).

Beide klaftern etwa 2½ Meter. Der Erstere hat langen unbefiederten, mit weisslichen Dunen bedeckten Hals, Schwanz und Schwingen schwarz; sonst röthlichgelb bis rothbraun oder röthlichgraubraun gefärbt.

Der Letztere hat einen über die Hälfte gänzlich nackten bläulichen Hals und ist dunkelbraun bis dunkelgraubraun von Farbe.

Beide zeigen sich nicht so ganz selten in deutschen Landen, was bei ihren gewaltigen Fittigen nicht so sehr wunderbar erscheint, da sie in ganz Südeuropa leben und z. B. schon in Ungarn horsten. Die letzten Geier sind meines Wissens im Juni des Jahres 1881 in Ostpreussen erlegt und zwar beide Arten, Vultur cinereus und fulvus. Einer der erlegten Gänsegeier, dessen Magen ich untersuchte, war mager und hatte den Magen mit Menschenkoth gefüllt. Näheres über die im Jahre 1881 in Ostpreussen beobachteten Geier habe ich im Sommer 1881 in der „Illustrirten Jagdzeitung" bekannt gemacht. Ferner ward am 22. September 1882 ein Gänsegeier bei Rupprechtstegen in Mittelfranken geschossen. Beide Geier sind „Aasfresser", die wohl nur im äussersten Nothfalle sich an lebendes Gethier wagen. Alle Geier sind in den warmen Ländern, welche sie bewohnen, als überaus nutzbringend mindestens unter den Schutz der öffentlichen Meinung gestellt, daß sie Strassen und Plätze säubern, was bei der dort gänzlich mangelnden öffentlichen Reinlichkeit nicht zu unterschätzen ist. Daher sind sie auch in jenen Gegenden sehr vertraut, während sie bei Verfolgungen bald überaus gewitzigt werden. Man kann sie natürlich am Luder am besten erlegen, sodann am Horste.

34. Die Sperbereule
(Strix nisoria, Naumann).

Surnia nisoria, Wolf. Surnia ulula, Strix und Surnia funerea*), Linné,

welch letzteren Namen man häufig für unsere Art angewendet findet.

Die Sperbereule ist eine Tageule und pflegt auch in den stillen Wäldern ihres Wohngebietes nur am Tage ihrer Jagd obzuliegen. Im Fluge ähnelt sie ihres langen Schwanzes und der spitzen Flügel halber nicht einer Eule, sondern eher einem Falken. Als ich sie durch lichtes Stangenholz rasch und gewandt hinstreichen sah, fiel mir die Aehnlichkeit mit einem Sperber auch im Fluge auf; Brehm fand in der Ferne fliegend grosse Aehnlichkeit mit einer Wiesen-

---

*) Unter S. funerea, L., versteht man jetzt gewöhnlich die in Nordamerika lebende Sperbereule, welche von unserer Art wahrscheinlich artlich verschieden ist.

weihe, als er sie in Sibirien sah. Aufgehakt ist sie am dicken Kopf als Eule kenntlich.

Von allen Eulen ist sie sofort an der einem alten Sperber ganz ähnlichen Unterseite zu unterscheiden, welche etwas trübweiss mit bräunlichgrauen Querstreifen ist. Die ganze Oberseite graubraun mit weissen Flecken, die auf dem

Die Sperbereule (Strix nisoria, Naumann).

Oberrücken fast verschwinden und auf den Schultern einen breiten, fast ganz weissen Längsstreif bilden. Oberkopf schwarz mit vielen kleinen Flecken. Gesicht weiss, hinter dem Ohr zieht sich ein halbmondförmiger schwarzer Streifen herab. Schwingen braun mit weissen Flecken. Schwanz meist etwas heller bräunlichgrau mit weissem Endsaume und schmalen Querbinden, die nach oben zu oft verlöschen und ganz verschwinden. Oft sind es neun an der Zahl, zuweilen nur fünf bis sechs. Die Ständer und Fänge sind bis auf die scharfen krummen Krallen herab weich befiedert und schmutzigweiss oder gelblich, zuweilen schön lachsfarben gefärbt; auf den Fängen einige bräunlichgraue Flecke. Schnabel wachsgelb mit hornschwärzlichen Kanten, Auge schwefelgelb. Die Länge durchschnittlich 40 cm, Flugbreite 78 cm, Der Schwanz 15 bis 20 cm, Flügellänge 24 cm.

Die Sperbereule bewohnt den ganzen Norden. Sie erscheint im Winter, namentlich wohl wenn in ihrer Heimath tiefer Schnee gefallen, nicht selten in Deutschland, am häufigsten in Ostpreussen, wo sie auch schon als Horstvogel constatirt ist. Sie hat sogar früher in den Birken-, Ellern- und Eschenbeständen des Nordostens regelmässig gehorstet, jetzt thut sie es aber sehr selten, vielleicht gar nicht mehr.

Ihre Eier legt sie in Baumhöhlen — in der Regel wenigstens. In einigen Revieren geschah dies früher in Espen, die mit ihren zahlreichen Höhlungen einer Menge von Vögeln zum Nistorte dienen. Seit die alten Espen aber mehr und mehr abgeholzt sind, wird sie nicht mehr beobachtet und mag vielleicht nebst vielen anderen gewöhnlicheren Vögeln aus der Gegend verschwinden oder schon verschwunden sein.

Sie legt etwa im Mai sechs bis acht Eier. Sie sind wie alle Euleneier rundlich und ganz weiss. Es sind nämlich alle Euleneier nur an Gestalt, Grösse, Gewicht und Beschaffenheit der Schale verschieden, die Farbe aber immer weiss. Die der Sperbereule sind ziemlich glänzend und von Grösse verschieden, durchschnittlich 40 : 30 mm messend. Wie wohl bei allen in Deutschland horstenden Eulen brütet nur das Weibchen, während das Männchen in der Nähe Wache hält. Alle Eulen lieben ihre Brut ausserordentlich. Viele lassen sich auf den Eiern greifen, viele stossen selbst auf den Menschen (worüber bei den einzelnen Arten näher gesprochen werden soll) mit einer Kühnheit, wie weder Geier noch Adler zu thun pflegen. Englische Forscher, welche in Lappland reisten, erzählen, dass die Sperbereulen ihrem Kletterer die Mütze sammt einem Büschel Haare vom Kopfe rissen, sodass diese sich weigerten, die Eier auszunehmen, aus Furcht, wiederum von der Eule attackirt zu werden.

Die Sperbereule schlägt wie alle Eulenarten vorzugsweise kleine am Boden lebende Nagethiere. Die Magen von sechs in Ostpreussen zur Herbstzeit erlegten Exemplaren zeigten nur Mäusereste. Dagegen soll sie für ihre Jungen, wie auch bei tiefem Schnee, sich zu kühnem Rauben versteigen und hat man sie Eichelheher, Schneehühner, Lemminge, im Sommer aber ebenfalls Insekten schlagen sehen.

Wenn sich bei uns ein Paar im Frühjahr zeigen sollte, so wäre dies eine herrliche Gelegenheit, Beobachtungen anzustellen, und es wahrhaft Unrecht, das seltene Thier — zumal in Anbetracht des den Schaden vielleicht überwiegenden Nutzens — zu tödten; die Erlegung solch vertrauten Vogels kann auch wenig Vergnügen bereiten. Ein Exemplar, welches ich bei Königsberg am 15. Oktober beobachtete, liess mich bis auf acht Schritte herankommen, strich dann etwa 50 Schritte weit weg, um wie vorher in geringer Höhe aufzuhaken und liess mich wieder so nahe herankommen, dass ich sie mit ganz feinem Schrot herunterschiessen konnte. An derselben Lokalität wurde fünf Tage vorher ein Exemplar aus nächster Nähe durch einen Schuss mit der zu den Infanteriegewehren jetzt üblichen „Zielmunition" erlegt. In den letzten Septembertagen 1851 ward bei Pillau ein Exemplar auf eine Entfernung von circa 20 Schritten auf der Spitze eines Busches gefehlt. Sie flatterte erschreckt in die Höhe liess ein helles Geschrei hören und hakte auf derselben Stelle wieder auf; der jugendliche Schütze schoss wieder, und diesmal stoben die Federn -- die Eule aber verschwand im dichten Gebüsch. In der Nähe des Platzes dieser Heldenthaten schoss dann am 10. November Hauptmann Woebcken eine sehr alte Sperbereule; beim Abbalgen derselben fand ich in den Ständern alte Schrotkörner; der eine Knochen war zerschmettert gewesen, nun aber wieder völlig zusammengeheilt. Ebenso vertraut fanden sie die Beobachter im hohen Norden und anderwärts in Deutschland. Brehm's Vater, dem wir die genaueste Schilderung ihres Gebahrens nach der Beobachtung eines Exemplares in Thüringen verdanken, sagt u. a.: „Mir ist ein so wenig menschenscheuer Vogel, welcher wie diese Eule völlig gesund und wohlbeleibt war, nie vorgekommen." — Man sieht also, dass die Jagd keine Schwierigkeiten darbietet.

Ihre helle Stimme hat Aehnlichkeit mit der des Thurmfalken.

32. Die Schneeeule
(Strix nyctea, Linné).

Grosse weisse Eule, Surnia nyctea, Nyctea nivea.

Diese Eule ist ein gewaltiges Thier, das dem Uhu an Stärke wenig nachsteht, indem es bei einer Länge von 70 cm wohl 1½ m und darüber klaftert. Ständer und Fänge bis auf die Krallen dicht und lang befiedert. Im hohen Alter ist sie fast vollständig schneeweiss, nur auf den Flügeln zeigen sich wohl noch einzelne graue Fleckchen. Im mittleren Alter zeigen sich bald mehr, bald weniger graubraune Flecke. Junge sind ganz mit graubraunen Flecken gesperbert, doch ist freilich immer noch viel mehr Weiss als Graubraun vorhanden. Dass die mächtige weisse Eule nicht leicht mit anderen Arten verwechselt werden kann, liegt auf der Hand.

Sie ist wie die Sperbereule ein vollständiger Tagraubvogel.

Ihre Heimath ist der hohe Norden, und offene Gegenden, zumal die nordischen Tundren, ihre Aufenthaltsorte. In einigen Jahren zeigte sie sich zahlreich in Norddeutschland, z. B. in Ostpreussen so zahlreich, dass ein einziger Ausstopfer mir nachweisen konnte, in einem einzigen Jahre (1874) fünfzig Exemplare zum Ausstopfen bekommen zu haben. Sonst gehört sie nicht nur in ganz Norddeutschland, sondern auch in Preussen unter die seltenen Wintervögel, wenn auch kaum ein Jahr vergeht, in welchem man nicht wenigstens von einer beobachteten Schneeeule erfährt. Nach Westen hin erscheint sie seltener. Ihre Brutreviere sind im hohen Norden, wo sie gewöhnlich auf dem Erdboden horstet. Durch Brehm erfahren wir, dass sein Freund, der Rittergutsbesitzer Pieper, in

Ostpreussen, im Kreise Ragnit im Jahre 1843 in den Pfingstferien einen Schnee-
eulenhorst mit Eiern auf einem Steinhaufen gefunden hat.

Die Schneeeule soll fünf bis zehn Eier legen, welche etwas kleiner als die
des Uhus sind, sich auch durch feineres Korn von diesen unterscheiden. Sie
messen 55 : 45, zuweilen noch etwas mehr.

Am Horste sollen beide Eltern sehr dreist sein, besonders auch das Männchen, welches aber nicht mit brüten hilft.

Der Raub der Schneeeulen besteht vorzugsweise aus laufendem Wild, den
nordischen Lemmingen hauptsächlich, nach deren zahlreichem oder geringem Auf-
treten sich sogar ihr Aufenthalt richten soll, dann auch aus Hasen, Mäusen
u. a. m. Auch Vögel, besonders Schneehühner, schlägt sie in Menge. Ueber
den Raub der uns im Winter besuchenden Schneeeulen scheinen leider wenig
Beobachtungen gemacht zu sein. Viele Mäuse und Hasen sind die einzigen
Thiere, deren Raub man meines Wissens beobachtet hat.

Der Waidmann kann nach dem Gesagten nicht gleichgültig ihrem Treiben
zusehen. Die Schneeeule ist aber nicht so vertraut wie die Sperbereule, sondern
meistens sehr scheu. Ein Bekannter von mir sah eine fast ganz weisse auf
einem Chausseesteine haken, ging bis auf 60 oder 70 Schritte heran, als die
Eule abstrich, aber nur um etwa 200 Schritte weiter auf einem ebensolchen
Steine aufzuhaken. Auf diese Weise trieb er die Eule eine ganze Strecke weit
vor sich her, bis sie endlich in die Felder abstrich. Pieper hat sie öfter durch
Umkreisen zu Schuss bekommen.

33. Die Sperlingseule
(Strix passerina, Linné).

*Sperlingskauz, Zwergeule, Surnia passerina, Glaucidium p., Strix acadica
oder pygmaea.*

Die Sperlingseule ist wegen ihrer Kleinheit mit keiner anderen Art zu verwechseln, denn sie ist nur kaum so gross als eine Drossel, misst höchstens
(männlich) 17 cm und klaftert 40 cm. Weibchen etwas stärker. Die Oberseite
ist bläulichgrau, weiss gefleckt, Flügel quergestreift, Schwanz mit vier weissen
Binden. Unterseite weiss mit braunen Längsflecken. Weibchen etwas dunkler
und schmutziger. Junge mit bräunlicherem Ton. Fänge bis auf die Krallen
herab befiedert. Auge gelb, Schnabel wachsgelb. — Diese kleine Eule ist ebenfalls mehr im Norden heimisch, obgleich sie noch in Ungarn vorkommt. In
Deutschland ist sie fast überall als seltener Vogel beobachtet, wahrscheinlich
aber viel häufiger, als man glaubt, da der verborgen lebende Vogel vielfach
unbemerkt bleibt.

Wälder, namentlich Laubhölzer, sind ihre Wohnorte. In Thüringen, Ost-
und Westpreussen, Posen, Schlesien u. a. hat sie gebrütet. In Ostpreussen
wird sie mit dem Verschwinden der an Höhlungen so reichen alten Espen immer
seltener.

Ihre kleinen, meist runden, weissen Eier, die man in Baumhöhlen, wie z. B. Spechtlöchern, findet, gehören in den Sammlungen zu den Seltenheiten. Sie sind ziemlich glänzend und messen nach Brehm 31 : 25 mm.

Die Zwergeule ist den bisher gemachten Beobachtungen zufolge ein im Vergleich zu ihrer Kleinheit furchtbarer Räuber, der nicht nur Mäuse, sondern auch Vögel schlägt. Sie gehört zu den Tageulen, raubt auch am hellen Tage, mehr aber Abends und vor Tagesanbruch.

Der Rauchfusskauz   Die Sperlingseule
(Strix dasypus, Bechstein).   (Strix passerina, Linné).

Abends im Dämmerlicht und später, seiten am Tage, hört man ihre eigenthümlich quiekende Stimme; in Skandinavien, wo sie häufig ist, vergleicht man ihren Ruf mit dem Quietschen der Ruder auf dem Bootsrand und hat ihr verschiedene darauf bezügliche Volksnamen beigelegt.

Die kleine Eule kann natürlich an jagdbarem Wilde kaum Schaden thun, der Vogelfreund wird sie wohl nicht gleichgültig ansehen können. Sie ist aber so selten und wenig bekannt, dass Beobachtungen über sie noch von Werth sind.

Sie scheint überall sehr vertraut zu sein; es wird zwar auch das Gegentheil behauptet, aber mir ist sie von verschiedenen Beobachtern als ganz vertraut geschildert, und es liegen ja sogar Berichte vor, denen zufolge sie nach einem Fehlschuss sich nicht weiter als 50 Schritte entfernte. Es scheint also, als ob sie dem, der sie erlegen will, wenig Mühe mache.

34. Der Steinkauz
(Strix noctua, Retzius).

Das Käuzchen, Surnia noctua, Athene noctua, Strix nudipes.

Von der ähnlichen Tengmalmseule und dem — ausserdem nicht viel überhalb so grossen — Zwergkauz durch die nicht befiederten Fänge zu unterscheiden; der Ständer ist kurz und weich befiedert, die Fänge aber nur mit einigen steifen Borsten besetzt. Schon die Dunenjungen sind an den fast ganz kahlen Fängen kenntlich. — Die Oberseite ist mäusegraubraun mit runden weissen Flecken. Schwanz mehr bräunlich mit bräunlichweissen Querbändern; Unterseite schmutzigweiss, dunkelgraubraun in die Länge gefleckt. Iris hellgelb, Schnabel wachsgelb, Fänge gelblichgrau, Wachshaut schwarzgrau. Länge 21 bis 22, Flugbreite 52 bis 55 cm.

Der Steinkauz ist vorzugsweise in der Dämmerung thätig, aber häufig auch am Tage sichtbar, namentlich zur Zeit der Liebe oft an hellen, sonnigen Tagen in Bewegung. Ich habe auch ausnahmsweise seinen Ruf schon im Oktober zur Mittagsstunde vernommen.

Der Steinkauz ist kein Nordländer, sondern gehört den gemässigten und wärmeren Ländern an.[*] In Deutschland ist er im Westen und Süden häufiger; in Ostpreussen kommt er aber noch regelmässig vor und wurde von einem meiner Bekannten ein Horst nahe bei Königsberg in der steilen Erdmauer eines Flüsschens gefunden. Der Steinkauz liebt weniger die Wälder, als vielmehr alte Gebäude und Mauerwerk, Kopfweidenpflanzungen, Baumgärten, Berghänge und dergleichen. Hier bei Wesel horstet er nicht selten in alten Kaninchenbauen an den Festungswällen, in Pallisadenschuppen, Schiessscharten, einsamen Blockhäusern und in den Weidenköpfen, gewöhnlich da, wo man den Horst am wenigsten gesucht haben würde. Er legt vier bis sieben rundliche, etwas glänzende Eier von 35:29 oder nur 33:28,5 mm, die man Anfang Mai und Ende April zu finden pflegt, zuweilen auch schon im März. Das Weibchen brütet allein und zwar so fest, dass man es von den Eiern herunternehmen kann. Vor und während der Brütezeit am häufigsten, aber auch sonst das ganze Jahr hindurch hört man viel Geschrei von den Steinkäuzen. Man hat die Stimme nicht übel mit: „quew, quew, quiw, quebel, quebel" oder die andern mit „kuwitt, kuwitt" oder „komm mit, komm mit" verglichen. Diese Stimmen sind es vor Allem, die den abergläubischen Bauern so thörichte Furcht einjagen. Es kommt

[*] Der in vielen Gegenden Südeuropas, Asiens und Afrikas lebende Wüstenkauz, Athene meridionalis, glaux etc., ist sehr ähnlich und wird daher von Einigen als nicht artlich verschieden angesehen, wiewohl die Meisten eine besondere Art in ihm erblicken. E. H.

dazu, dass zuweilen durch den Feuerschein angelockt das Thierchen an die erleuchteten Fenster kommt und sein „komm mit" schreit — nach dem Aberglauben der Bauerweiber ein sicheres Zeichen eines nahen Todesfalles. Der Steinkauz schlägt hauptsächlich Mäuse und Insekten. Der Schaden, den er durch Rauben kleiner Vögel thut, ist so gering, dass er wohl zu den überwiegend nützlichen Arten gerechnet werden muss. Erst kürzlich fand ich im Magen eines Käuzchens die Reste verschiedener Lauf- und Mistkäfer, Asseln, nackte Eulenraupen und eine Eidechse.

Der Steinkauz kann Abends durch geschickte Nachahmung seiner Stimme und durch „Mäusereizen" angelockt werden, ist dabei aber weit vorsichtiger als der dicke Waldkauz. Manchmal streicht er am Tage plötzlich im Gebüsch vor Einem ab, sodass man oft kaum erkennt was es ist und ihn herunterschiesst.

In Südeuropa wird der Kauz wie bei uns der Uhu zum Anlocken von Krähen und Raubvögeln, zur Jagd oder zum Fang von Singvögeln benutzt, welche ihn zu necken kommen, wie Krähen und Raubvögel nach dem Uhu. Bei uns zu Lande wird der Steinkauz nicht verwerthet, weil wir glücklicherweise keine Singvögel zum Verspeisen fangen.

35. Der Rauchfusskauz oder die Tengmalmseule

(Strix dasypus, Bechstein: S. Tengmalmi, Gmelin.

Ulula und Nyctale dasypus und Tengmalmi.

Diese Eule wird häufig mit dem Steinkäuzchen verwechselt, obgleich sie von ihm sehr leicht durch die ganz bis auf die Krallen herab lang befiederten Fänge, ausserdem durch längeren, circa 11 cm langen Schwanz und die gewaltig grosse Ohrmuschel unterschieden werden kann. Auch ist sie etwas länger, misst 23 cm an Länge, 57 cm an Flugbreite. Die Wachshaut ist hellgraulich-wachsfarben. Schnabel wachsfarben, Auge gelb. Die ganze Farbe hat in der Regel einen mehr braunen Ton, als die des Steinkauzes; die Unterseite weiss mit braunen Querflecken. Weibchen nur ein wenig stärker. Jüngere mehr braun als Aeltere. Junge im ersten Herbste sind oben ganz braun, unten etwas heller und graulicher, nur Flügel und Schwanz gefleckt.

Der Rauchfusskauz gehört wiederum mehr dem Norden an, ist aber auch in Deutschland in den Wäldern der Gebirge und wahrscheinlich auch der norddeutschen Ebene, namentlich Preussens, heimisch. Er ist auch wiederholt in Deutschland horstend gefunden. Jedenfalls wird er auch hier und da in Ostpreussen horsten, wird aber als ruhiger, vollständiger Nachtvogel selten bemerkt. Seine nicht laute Stimme soll mit entferntem heulenden Hundegebell einige Aehnlichkeit haben und in der Abend- und Morgendämmerung gehört werden.

Gewöhnlich wird er gelegentlich einmal auf der Suche und dem Schnepfenstrich erlegt, hat auch weniger auf dem Strich, als vielmehr auf der Suche durchs Stangenholz oder dichte Gebüsche hinstreichend, wo man ihn nur eben aufstehen und verschwinden sieht, einige Aehnlichkeit mit der Schnepfe, immer-

hin genug, dass man einem raschen Schützen es verzeihen kann, wenn er als
auf eine Schnepfe im Waldesdunkel einmal Dampf darauf gemacht hat.
Er horstet Ende April und Mai in Baumhöhlen, legt Eier, die denen des
Steinkauzes fast gleichen, aber etwas geringer sind. Der nächtlich lebende
Tengmalmskauz gehört zu den harmlosen Eulen, die dem jagdbaren Gethier
keinen Schaden zufügen. Er ist überhaupt selten und dem Sammler immer ein
erwünschtes Objekt.

36. Der Uhu
(Strix bubo, Linné).

*Schuhu, Auff, grosse Ohreule; Otus bubo, Bubo maximus und auch wohl Bubo
ignavus.*

Wer sollte nicht den Uhu kennen? Jeder Waidmann ist so für ihn inter-
essirt, dass er ihn „kennt", und da er mit keiner ähnlichen Art in unserem
Vaterland*) verwechselt werden kann, so will ich nur anführen, dass er bei
einer Länge von circa 60 cm eine Klafterung von 175 cm erreicht, dass er auf
der Oberseite dunkel rostgelb, schwarz „geflammt" ist, auf der Unterseite jede
Feder rostgelb mit schwarzem Schaftstrich, von dem mehrere schwarze schmale
Querstreifen ausgehen. Die Iris des gewaltigen, herrlichen Auges ist dunkel-
goldgelb, orangeroth gerändert, und es ist an Eigenart und Schönheit keinem
anderen Thierauge gleichzustellen. Das Weibchen ist stärker und hat kürzere
Federohren als das Männchen, bei dem sie oft fast einen Decimeter lang werden. Er variirt in Farbe und „Grösse".

Unser Uhu ist über einen grossen Theil Europas und Asiens verbreitet.
Sehr häufig ist er in Oesterreich-Ungarn und einigen Theilen Russlands. In
Deutschland bewohnt er vorzugsweise die Gebirge und die grossen ebenen Wälder des Nordostens. In Ostpreussen ist er in einigen Gegenden des Nordostens
noch geradezu häufig, während er in den grossen Kieferhaiden des Südostens
fast garnicht vorkommt. Aber auch in Pommern und Mecklenburg, im Sauerland, an der Mosel, auf dem Westerwalde, in den Sudeten u. a. m. ist er noch
Horstvogel.

Sein Horst steht nach der Localität entweder in den Höhlungen steiler
Felsenwände oder auf Bäumen in allerlei alten Horsten, ebenso häufig aber auf
dem flachen Erdboden, selbst im Röhricht der Sümpfe und Ströme. Er enthält
gewöhnlich zwei oder drei Eier. Man findet sie meist sehr früh, oft auch später.
In Ostpreussen von Mitte März bis Ende April. Die Eier sind bald mehr, bald
weniger rundlich, in der Grösse sehr variirend, von 62:48, 64:49, 55:45 mm
in meiner Sammlung befindlich, von Farbe weiss wie alle Euleneier.

Das Weibchen brütet allein und sitzt sehr fest auf den Eiern; ein Weibchen, dessen Horst wir in diesem Frühjahr fanden, verliess die beiden Eier

*) In anderen Ländern leben allerdings einige nahe Verwandte. K. H.

Uhu vor der Krähenhütte.

schon beim ersten Schlage an den Baum, hakte dann in einer Entfernung von etwa 60 Schritten auf, den Horst scharf beobachtend. Hier liess es sich unterlaufen und strich erst ab, als wir von allen Seiten herumgegangen waren, um es genau zu betrachten. Nun hatte es aber auch sofort eine lärmende Bande von Krähen um sich, obgleich wir uns mitten im Walde befanden, wo wir zuvor nichts von Krähen bemerkt hatten und sich überhaupt keine Krähen aufzuhalten pflegen. Der Horst war von oben ganz frei und bleibt es mir unerklärlich, weshalb die Krähen früher den Uhu nicht belästigten, als er auf den Eiern sass. Der Uhu ist ein Standvogel.

Der Uhu ist einer der furchtbarsten gefiederten Räuber, die es in Deutschland giebt. Vom Rehkalb bis zur gemeinen Feldmaus, von Bussarden und Schreiadlern, Birk- und Auerhühnern, Enten und Gänsen bis zur Lerche und Meise herab ist kein Thier vor ihm sicher. Grosse Bussarde und Schreiadler fanden wir mehrfach in den vom Uhu bewohnten Jagen und bleibt kein Zweifel, dass nur er der Räuber gewesen sein konnte, da wir die gekröpften Vögel früh Morgens an Wegen fanden, die wir gegen Abend noch gegangen waren, und der Zustand der gekröpften Vögel einen Marder oder dergleichen als Thäter ausschloss. Eine Fischerfamilie in Galizien lebte längere Zeit fast nur von den vom Horst eines Uhus geholten Wasservögeln und Hasen, welche den Jungen hatten zum Frasse dienen sollen. E. von Homeyer fand bei einem Uhuhorst, in dem sich zwei halberwachsene, eben vollgekröpfte Junge befanden, noch zwei halbwüchsige Hasen, einen Kiebitz, eine Bekassine und zwei Ratten unversehrt vor. „Kiebitz und Bekassine," fügt der vortreffliche Beobachter hinzu, waren offenbar vom Neste gegriffen." — Dass der Uhu auch viele Mäuse und Ratten schlägt, hat auf den gewaltigen Schaden, den er an jagdbarem Wilde thut, keinen so mildernden Einfluss, dass der Jäger dadurch irgendwie in der Verfolgung behindert werden könnte, im Gegentheil wird jeder Waidmann den Uhu mit allen Kräften verfolgen müssen. Dies ist freilich nicht so leicht, als man vielleicht glauben mag. Der Uhu ist nämlich ein vollständiger Nachtvogel. Zur Nachtzeit hört man vom Weibchen ein grässliches, schauerliches Kreischen, vom Männchen ein dumpfes, weithin hörbares „U—hu" oder „Pu—hu", sehr selten ein einzelnes „Pu". Zur Frühlingszeit hört man, wiewohl äusserst selten, seinen Ruf auch am Tage; in letzterem Falle verräth er sich allerdings leicht, doch ist es geboten dann gar vorsichtig dem Laute nachzugehen, denn er ist am Tage vollständig seiner Sinne mächtig, weiss sich auch durchs Stangenholz hin geschickt zu entfernen, ohne jemals mit dem Fittig anzustossen. Am Tage aber ist der regungslose Körper schwer zu sehen, und gewöhnlich hält er nur bis auf Büchsenschussweite aus. Wo man ihn Abends rufen hört, kann man sich auf Anstand stellen, wird aber oft vergeblich stehen; wenn man seinen Ruf nachzuahmen versteht, soll man ihn locken können; ich habe es noch nicht versucht. Am sichersten und leichtesten ist jedenfalls die Erlegung am Horste.

Da der Uhu zur Krähenhütte immer mehr gesucht wird, so wird der Jäger sich gern der Jungen versichern. Wenn die Alten aber Störungen erfahren, tragen sie die Jungen an einen anderen Ort, wenigstens sind dergleichen Fälle vorgekommen, wenn auch anderwärts zuweilen tägliche Störungen den Uhu nicht zu geniren schienen. Es ist daher anzurathen, die Jungen sicher anzufesseln, um sich ihrer zu vergewissern, was ich für besser halte, als dieselben in einen Käfig zu stecken.

Ueber den Betrieb der Hüttenjagd habe ich nicht die Absicht, Auseinandersetzungen zu machen, zumal ich auch noch nicht so ausgedehnte Erfahrungen als manche altgeübte Jäger darin habe. Nur auf zwei Punkte möchte ich mir erlauben aufmerksam zu machen. Ich habe mich oft über die sonderbaren sogenannten „Krakeln" oder „Hackbäume" gewundert; ich habe aber auch Hütten gesehen, bei denen einzelne alte Bäume mit dicken wagerechten Aesten oder dürren Hornzacken standen und gefunden, dass auf solche natürliche Krakeln jeder Raubvogel aufhakte, und nur ganz kleine, den Schützen nie verrathende Schiesslöcher nöthig waren, da man nur auf die aufgehakten Vögel schoss; ehe man unnatürliche dürre Dinger hinstellt, würde ich rathen, ganz ohne Krakeln, nur fliegende Vögel zu schiessen, wie dies in einigen Gegenden üblich ist. Freilich müssen dann die Schiesslöcher etwas grösser gemacht werden. — Weit mehr, glaube ich, müsste die Streife mit dem im leichten Korbe getragenen Uhu betrieben werden. Namentlich stossen in der Nähe der Horste die Raubvögel wüthend auf den Uhu.

Ein ausgestopfter Uhu leistet in Ermangelung eines lebenden ebenfalls gute Dienste; mir ist es passirt, dass ein über den ausgestopften Uhu hinstreichend gefehlter Rauchfussbussard nochmals auf denselben stiess und geschossen wurde.

37. Die Waldohreule
(Strix otus Linné).

Otus sylvestris, Tischer, O. vulgaris, Asio otus.

Die Waldohreule ist wie ein Uhu im Kleinen. Sie ist 33 cm lang, 90 cm breit. Die Oberseite ist auf weisslich- und rostgelbem Grunde graubraun punktirt und längsgestreift. Unterseite rostgelblich, manchmal mehr weisslich mit braunen Schaftflecken, von denen nach rechts und links kleine Querstriche ausgehen. Fänge ganz befiedert, rostgelb. Schnabel schwärzlich, Auge gelb.

Die Waldohreule bewohnt einen grossen Theil der alten Welt, ist in Deutschland zur Horstzeit zwar nicht zahlreich, aber doch auch nicht selten; sie horstet nur in Wäldern oder grossen Parks mit alten Bäumen. Auf dem Zuge erscheint sie zuweilen massenhaft. Sie ist nämlich ein Wandervogel, der bei uns aber auch im Winter angetroffen wird, theils vom hohen Norden her eingewandert, theils in milden Wintern nicht fortgezogen ist. Viele wandern weit südlich hinab. Sie horstet gewöhnlich in alten Nestern und Horsten von Eichhörnchen, Tauben, Krähen, Raubvögeln etc. Schon sehr früh im Jahre hört man ihr lautes „Kuuk" und schon Ende März, oft auch erst im April, je nach der Frühlingswitterung, findet man ihre vier, zuweilen auch mehr, länglich runden Eier, ziemlich glänzend und 40:34 mm auch 42:33 mm messend.

Das Weibchen brütet allein und wird von dem Männchen gefüttert, welches am Tage beim Neste treulich Wache hält und es muthig vertheidigt. Im Frühjahr 1880 waren mein Vater und ich mit Ausschiessen von Nebelkrähennestern beschäftigt. Auf einer dichten Birke fanden wir einen Horst, den wir im vorigen Jahre bereits von Krähen gesäubert hatten. Ein Junge klopfte an, es stürzte nach der uns entgegengesetzten Seite ein Vogel aus dem Horste, durch die Zweige krachten unsere Schüsse ihm nach — er schwankte und fiel hundert Schritte weit zu Boden; es war eine weibliche Waldohreule. Nun musste natürlich der doch gestörte Horst untersucht werden, und zu diesem Zwecke erstieg der Junge, welcher wie eine Katze zu klettern verstand, den Baum. Als er aber fast den Horst erreicht hatte, fing er gewaltig an zu schreien und wies auf das auf einem wagerechten Aste unter den drohendsten Geberden auf ihn losmarschierende Männchen hin. Wir hatten es noch gar nicht bemerkt, und der Junge war im Begriffe, vor Angst aus der Höhe herabzuspringen. Wir beruhigten ihn so schnell es ging und mussten das Männchen ihm vor der Nase wegschiessen, ehe es ihm noch näher auf den Leib rückte. Zu meinem Bedauern fanden sich trotz der vorgerückten Jahreszeit (26. April) noch keine Eier im Horste, und das Weibchen hatte auch noch nicht einmal ein ganz legereifes Ei bei sich, sondern eines, was wohl erst den anderen Tag gelegt worden wäre. In dem Magen des Männchens fand ich zu meinem Erstaunen die Reste eines mehrere Tage alten Hasen, in dem des Weibchens aber zwei Mäuse und einen Buchfinken. In demselben Frühjahr fand ich im Magen einer Waldohreule eine Feldlerche, in dem einer anderen eine Maus und einen Finken. Wiederum habe ich aber auch zur Herbstzeit in den Magen eine ausserordentliche Menge von Mäusen gefunden. Alle Forscher nehmen die Waldohreule in Schutz, auch solche, welche eifrige Jäger sind. Es wird auch durch die immense Menge von Mäusen, die sie vertilgt, ihr Schaden wieder mehr als gut gemacht, aber sie in Park und Garten zu dulden, sind wir denn doch nicht verpflichtet. An solchen Orten möge man sie immerhin wegschiessen, während das massenhafte Tödten zur Zugzeit nicht gebilligt werden kann. Es kann auch dem Jäger wenig Vergnügen machen, solch vertraute Thiere zu erlegen, denn am Tage lässt sie sich unterlaufen und streicht aufgejagt nur so weit fort, dass man nachgehen und sie herabschiessen kann. Abends kommt sie auf's Mäusereizen, ist aber vorsichtig und lässt sich nicht von Jedem bethören.

38. Die Sumpfohreule
(Strix brachyotus, Gmelin).

Sumpfeule, Kohleule; Otus brachyotus, palustris, aegolius.

Diese hübsche Eule hat mit der Waldohreule eine grosse Aehnlichkeit, ist aber deutlich von ihr unterschieden durch die nur ganz kleinen, kaum 2 cm langen Federohren, welche sich beim Verenden niederlegen und von Manchem gar nicht wiedergefunden werden. Ausserdem ist sie oben ganz rostgelb mit grossen schwarzen Längsflecken und fehlen ihr die feinen grauen punkt- oder spritzenartigen Zeichnungen gänzlich. An Hals und Kropf ist sie ebenfalls breit schwarz längsgefleckt, nach unten zu aber zeigen sich nur ganz schmale Schaftstriche, von denen aber niemals Querstriche abgehen, und die sich nach dem Steiss zu mehr und mehr verlieren. Der Bauch variirt oft in's Weissliche, wie überhaupt Varietäten nicht selten sind. Weibchen etwas stärker und schmutziger. Junge dunkler. Das Weibchen hat eine Länge von 37 cm. eine Breite von 108 cm.

Die Sumpfeule ist eine Bewohnerin sumpfiger, flacher Gegenden. Horstvogel nur in nördlichen Lagen, wandert sie alljährlich bis weit hinein nach Afrika und im Frühjahr wieder zurück bis in die nordische Tundra, wo ihre Hauptbrüteplätze sind. Aber auch in Deutschland horstet sie in mäusereichen Jahren zahlreicher, sonst ausserordentlich selten. Der Horst — wenn man einige zusammengetragene Gräser so nennen kann — steht immer am Boden, gewöhnlich im hohen Riedgras verborgen. Die vier, zuweilen auch mehr Eier, gleichen fast ganz denen der Waldohreule, sind nur gewöhnlich etwas kleiner und dünnschaliger, messen beispielsweise 40 : 33 mm. Die alten Eulen vertheidigen ihre Brut mit wahrem Heldenmuthe selbst gegen Menschen. Die Eier findet man von Anfang Mai an. Die Sumpfeule findet man auf dem Erdboden, wo sie sich zu drücken pflegt und erst dicht vor den Füssen des Menschen aufsteht, gewöhnlich nur eine Strecke weit streicht und sich wiederum aufscheuchen lässt, zuweilen sich aber hochauf in die Lüfte schwingt und oft weithin den Blicken entschwindet, was man bei anderen Eulen nie bemerkt. Wie gesagt hält sie sich immer am Boden auf, nur einmal sah ich eine auf einem Baumstumpf haken, und Abends an ihrem Brutplatze hakte sie wiederholt am nahen Waldesrand auf hohen Bäumen auf und liess von dort ihr jauchzendes mit „kew, kew" übersetztes Geschrei hören.

Der Frass der Sumpfeulen besteht fast nur aus Mäusen, deren man eine erstaunliche Menge in ihrem Magen findet. Von Vögeln scheinen es die Lerchen zu sein, denen sie etwas nachstellt, denn ich fand in einzelnen Magen Lerchenreste.

Im letzten Januarheft des Journals für Ornithologie lesen wir, dass Rudolf Koch in Münster in zwei am 30. Oktober erlegten Sumpfohreulen in der einen zwei Lerchen, in der anderen zwei Lerchen und einen anderen kleinen Vogel fand; Koch bemerkt ferner, dass er „in den letzten Jahren Gelegenheit gehabt, eine grössere Anzahl dieser Eulen auf den Mageninhalt zu untersuchen und diese Untersuchungen hätten ihm bewiesen, dass diese Species vornehmlich von Mäusen (besonders Arvicola) lebe, aber durchaus nicht Vögel absolut verschmähe. Bei keiner anderen Eule, ausser dem Uhu, habe er Vogelreste im Magen vorgefunden."

Jedenfalls hat der Waidmann nicht zu fürchten, dass diese überwiegend nützliche Eule grösserem Wilde Schaden zufüge, und sollte ihre kleinen Lerchenräubereien dem allgemeinen Nutzen zu Liebe mit dem Mantel der christlichen Liebe bedecken.

Sie ist im Uebrigen sehr leicht zu schiessen, wenn sie auf der Bekassinen-

und resp. Hühnersuche aus Wiesen und Feld vor dem Jäger aufsteht, doch wird sie gerade zur Herbstzeit am meisten nützlich und sollte daher nicht übermässig befehdet werden.

39. Die Zwergohreule
(Strix scops, Linné).

Krainische Ohreule: Scops zorca und Aldrovandi, Strix carniolica, Ephialtes scops.

Die Zwergohreule ist in der That ein Zwerg unter den Ohreulen. Sie ist höchstens 19 cm lang und klaftert keinen halben Meter. Ihre Federohren sind deutlich und mittellang. legen sich aber im Tode nieder. sodass sie der Unkundige leicht übersieht. Von allen Ohreulen ist sie dadurch sofort unterschieden, dass ihre Ständer nur sehr kurz. die Fänge aber gar nicht befiedert sind. Die Farbe ihres Rückens ist eine eigenthümliche. aus rothbraun und grau fein gemischte: die Unterseite ist rostgelb und grauweiss sehr fein durcheinander gesprenkelt. aber mit deutlichen dunkelen Schaftflecken versehen. Iris gelb. Schnabel graubraun. Weibchen bedeutend stärker als das Männchen.

Diese schöne kleine Eule mit der feinen Zeichnung. die man nicht übel mit der des Wendehalses verglichen hat. ist eine Bewohnerin südlicherer Länder. In Spanien. Italien. Krain. Steyermark ist sie häufig, in Deutschland vorzugsweise im Südwesten und Süden angetroffen. eigentlich häufig nirgends, im Norden nur sehr selten.

Sie horstet auch im südwestlichen und südlichen Deutschland. Ihre Eier findet man später als die aller anderen Eulen. gewöhnlich Ende Mai. meistentheils in Baumhöhlen: sie messen beispielsweise 30 : 27 und 31 : 28 mm. sind also sehr rundlich, zuweilen ganz rund und haben einen matten Glanz. gewöhnlich auch die vielen Euleneiern eigenthümlichen erhabenen Punkte und Körner.

Die Zwergohreule schlägt hauptsächlich Mäuse und kleine Vögel, die ersteren in Menge.

Bei uns ist sie zu selten. um Nutzen oder Schaden in irgend erheblichem Maasse zu thun. und der Waidmann, der mit ihr zusammentrifft. möge sie beobachten. oder wenn er sie erlegen will, doch einem Naturforscher in die Hände gelangen lassen.

40. Der Waldkauz
(Strix aluco, Linné).

Gemeiner Kauz. Nachtkauz. Baumkauz. Syrnium aluco. Ulula aluco.

Der Waldkauz ist die häufigste aller unserer Eulen. Kleine Gehölze, grosse Wälder. alte Gebäude bieten ihm passende Wohnsitze. Er ist kenntlich an den gewaltigen schwarzen Augen in dem überaus dicken.

runden Kopfe. Er hat keinerlei Federohren. Die Oberseite ist dunkelbraun, weisslich und rostgelb gemischt, im Ganzen sehr dunkel. Die Unterseite weisslich mit dunkelbraunen Schaftstrichen, von denen seitwärts ebensolche gezackte Querstriche ausgehen. Fänge dicht befiedert. Es kommen häufig Exemplare vor, die oben fast ganz fuchsrothe Grundfärbung zeigen, unten schönes Rostgelb. Ueberhaupt sind Farbenvarietäten nicht selten. Die Länge ist circa 38 cm, Breite 90 cm.

Der Waldkauz ist es, dessen lautes, schauerlich heulendes hu hu — hu hu hu und dessen jauchzendes kuwit, kuwit die abergläubischen Leute mit Entsetzen erfüllt, dessen Stimme jeder Bauer und jeder Forstmann kennt. Denn in Scheunen und auf grossen Böden sowohl, als im Walde in hohlen Bäumen oder auch verlassenen Horsten von allerlei Raubvögeln horstet der Waldkauz überall. Namentlich im Anfang März hallt der Wald wieder von seinem unheimlichen Geschrei, denn schon früh im März, zuweilen aber auch erst im April, findet man sein gewöhnlich aus drei bis fünf Eiern bestehendes Gelege. Diese Eier sind meistens ziemlich rundlich und messen 45 : 41, auch bisweilen 50 : 39 mm. Sie sind weiss und von wenig Glanz.

Das Weibchen brütet ausserordentlich fest. Häufig verlässt es allerdings beim starken Anschlagen an den Baum die Eier, lässt sich aber zuweilen gar nicht von den Eiern vertreiben. Dem Oberförster Freiherr von Nordenflycht wurde im März ein Waldkauz gebracht, der in einem Korbe auf seinen in Heu gebetteten — jedenfalls stark bebrüteten — Eiern sass. Die Knechte hatten ihn auf dem Boden im Heu brütend gefunden, nahmen ihn mit Gewalt von den Eiern, thaten diese in den Korb und setzten die treue Mutter wieder darauf. Der Kauz ward nun schliesslich wieder auf den Boden gebracht, wo er auf seinen Eiern weiter brütete.

Was nun den Raub des Waldkauzes anlangt, so ist dies wieder ein vielfach verschieden beurtheilter Punkt. — Mäusearten, Frösche, Insekten mögen wohl seine Hauptnahrung sein. Martin hat in einem einzigen Magen des Waldkauzes 75 Raupen des schädlichen Kiefernspinners gefunden. Altum berichtet, dass er einen Magen gänzlich mit Maikäfern gefüllt fand. In 208 von ihm untersuchten Gewöllen hat Altum constatirt: 1 Hermelin, 6 Ratten, 1 Eichhörnchen, 407 Mäuse und Maulwürfe, 18 Singvögel und 27 Käfer. Solche Resultate emsiger Forschung verbieten eine unbedingte, schonungslose Verfolgung des Waldkauzes ohne allen Zweifel. Wohl aber ist zu bedenken, dass die Untersuchung der Gewölle allein nicht immer ein ganz richtiges Bild von der Nahrung abgeben kann. In den Gewöllen lassen sich nur die zurückgebliebenen harten Körpertheile nachweisen, von jungen Vögeln aber z. B. wird sich wenig oder nichts in den Magen vorfinden. Uebrigens ist auch die Nahrung vieler Raubvögel (siehe Mäusebussard) zur Herbstzeit und im Frühjahr wesentlich verschieden und dieselben Thiere, welche ihren Jungen grosses Wild zur Stillung des Hungers der ganzen Schaar zuschleppen, leben während dieser Zeit kümmerlich von kleinem Gethier. Schacht, ein fleissiger Beobachter der Vogelwelt seiner Heimath, des Teutoburger Waldes, sagt: „der Waldkauz richte an den Nestern der Wildtauben, Drosseln und Finken arge Verwüstungen an". E. von

Homeyer schreibt. „Ich kann nicht mit dem Lob übereinstimmen, welches man dieser Eule gewöhnlich ertheilt. Sie schlägt zwar eine Menge von Mäusen, aber auch viele Vögel, sodass ihr Nutzen durch den Schaden, welchen sie verursacht, wohl ausgeglichen wird, ja es kommen einzelne dieser Eulen vor, die man als entschieden schädlich betrachten muss, umsomehr als sie andere nützlichere Eulen aus den Gebäuden verdrängt, ja dieselben frisst.“ Ich selbst habe mehrfach Buchfinken in den Magen gefunden, einmal einen Junghasen, einmal zwei Goldhähnchen (Regulus flavicapillus) und einen Schwimmkäfer, und habe deutliche Beweise gehabt, dass der Waldkauz gefangene Drosseln aus den Dohnen reisst.

Ferner fangen sich sehr häufig in den mit Tauben geköderten Habichtskörben Waldkäuze.

Im Korbe des Gutsbesitzers Herrn Talke in Ostpreussen haben sich nach mündlicher Mittheilung in etwa zwei Jahren ausser einer Menge von Hühnerhabichten ein Sperber und 50 bis 60 Eulen, einigen gesehenen Exemplaren und mündlicher Beschreibung zufolge lauter Waldkäuze in rothen und grauen Varietäten, gefangen. Auch in Förster Rhaues Korb fingen sich oftmals Waldkäuze, zuweilen herrliche, starke Exemplare; der Erstere hatte Tauben, der Letztere Haushühner im Korbe sitzen. Und wer hätte noch nicht beobachtet, mit welch gewaltigem Hass gerade der Waldkauz von allen Vögeln des Waldes angegriffen wird! Vom Goldhähnchen bis zum Heher und zur Elster zetert Alles auf den unglücklichen Dickkopf ein, wenn er das Pech hatte, von einem der Schreier entdeckt zu werden. Manche andere Eulen werden ja auch nach Kräften geneckt, aber solche Anregung und solchen Spektakel, wie nach Entdeckung eines Waldkauzes, habe ich doch keiner Eule gegenüber bemerkt. Aus Allem ist ersichtlich, dass der Waldkauz denn doch wohl nicht so harmlos ist, als andere Eulen, und im Park und Garten bei Fasanerien und dergleichen wohl kaum geduldet werden kann. Grösserem Wilde kann er nicht gefährlich werden.

Ausser im Habichtsfang zu fangen ist er auch überaus leicht zu schiessen. Auf das „Mäusereizen“ kommt er so gut als keine andere Eule. Am vortheilhaftesten ist es, wenn man ihn aus weiterer Ferne durch Nachahmung seines Geheuls herbeilockt und durch Mäusereizen in unmittelbarste Nähe zu kommen verführt. In der Paarungszeit, die auch ihn gewaltig aufregt, hört man wohl einmal, wenn auch sehr selten, seinen Ruf am Tage. Dann kann man sehen, wie schwer es hält, ihn zu entdecken. Sonst freilich sieht man ihn auch manchmal zufällig, namentlich im Stangenholz, und er lässt sich dann gewöhnlich unterlaufen; dass er aber am Tage nicht sehen könne, ist ein Aberglaube: er sieht wie alle Eulen, auch am Tage vortrefflich, wenn er auch nur bei Nacht auf Raub ausgeht. Man kann dies an gefangenen, die jung aus dem Neste genommen, überaus leicht aufzufüttern sind und durch ihre Zahmheit viele Freude machen, sehr gut beobachten.

Der Waldkauz ist Winter und Sommer an seinem Brutplatze und wandert nicht fort.

41. Die Uraleule

(Strix uralensis, Pallas).

Habichtseule; Pltys.; Syrnium oder Ulula uralensis, Strix liturata.

Diese grosse Eule ist von allen Arten ihrer Stärke durch die rotdunkel-braunen Augen unterschieden. Dies lässt eine Verwechselung mit der Schnee-eule nicht zu, und vor anderen Arten kennzeichnet sie ihre helle Färbung. Sie ist gelblich oder graulichweiss von Farbe, oben mit breiten dunkelbraunen Längs-flecken, unten auf hellem gelblichweissem Grunde nur schmal dunkelbraun längs-gefleckt. Das Weibchen ist stärker, Junge etwas dunkler, aber immer zu er-kennen. Die dicht befiederten Fänge schmutzigweiss, Auge dunkelbraun, Schnabel wachsgelb. Die Länge beträgt bis 66 cm, die Flugbreite bis 120 cm und darüber.

Die uralische Eule — ihren Namen gab ihr der russische Naturforscher Pallas, weil er sie zuerst im Ural entdeckte — lebt im östlichen Europa und Mittelasien. In Deutschland ist sie selten, obgleich sie auch in Oesterreich-Ungarn, sogar schon auf dem Böhmerwald, horstend gefunden ist. Ausserhalb Ostpreussens ist sie nur wenige Male beobachtet, in Ostpreussen wird sie aber allwinterlich geschossen und horstet sogar regelmässig daselbst, früher zahlreicher in alten Espen, jetzt, wo die alten Bäume immer mehr verschwinden, wird sie selten und scheint nur noch auf wenige Wälder beschränkt zu sein.

Ich hatte in diesem Frühjahr das Glück, mit meinem Freunde Schmidt diese wenig bekannte Eule am Horste zu beobachten und ihr regelmässiges Horsten — bisher kannte die Wissenschaft nur einen Fall — in Preussen zu constatiren.

Da die Uraleule zu selten und beschränkt in ihrem Vorkommen ist, um im Allgemeinen für den deutschen Waidmann von grosser Bedeutung zu sein, so will ich mich darauf beschränken, nur kurz das Wichtigste mitzutheilen.

Die Uraleule ist zwar bisweilen am Tage munter, aber doch ein aus-gesprochener Nachträuber. Sie zeigt überhaupt nahe Verwandtschaft mit dem Waldkauz.

Sie horstet nicht nur in hohlen Bäumen, sondern in Ermangelung derer auch in alten Horsten. Die Eier sind rundlich, weiss, wenig grösser als die des Waldkauzes und von demselben Korn. Mein Exemplar misst 17 : 40 mm. Man findet die Eier im April. Das Weibchen brütet allein. Anfangs ist es gegen Störungen sehr empfindlich. Brütet es erst, dann ist es durch kein Klopfen oder Lärmen von den Eiern zu vertreiben. Das Weibchen greift den Menschen, der den Horst berauben will, auf das Kühnste an. Den Hund eines von Graf Wod-zicki's Waldhütern in Galizien packte die Alte und hob ihn sechs Meter hoch empor, einem ostpreussischen Holzhauer riss sie die Mütze vom Kopfe und griff Herrn Schmidt derart an, dass er trotz Bienenmütze und grösster Vorsicht nicht ohne Wunden davonkam. Abends um die Zeit des Schnepfenstrichs verlässt das Weibchen den Horst. Das Männchen hörte man schon in der Ferne, es kommt näher, sobald das Weibchen antwortet und schliesslich hört man von Beiden ein unheimlich durch den Wald hinklingendes Geschrei. Man findet in den Büchern, die Uraleule habe ein dem Meckern der Ziege ähnelndes Geschrei — mag dem sein, wie es will, die ostpreussischen Uraleulen meckern nicht. Die Stimme des Männchens ist ein weithin hörbares, dumpfes whumb, whumb — whumb, zu vergleichen mit dem fernen Bellen eines grossen Bullenbeissers, die des Weibchens ein unschönes Kreischen. Dieses sind die einzigen Töne, welche Herr Schmidt wohl fünf Monate lang beobachtete und die ich selbst über vierzehn Tage fast allabendlich vernahm.

Trotz ihrer Stärke und Kühnheit scheinen einige Angaben über Räubereien der Uraleule übertrieben zu sein. Eine von mir am 16. November und eine (wenn ich nicht irre im Januar) untersuchte, hatten in ihren Magen Mäuse. Wie Herr Schmidt mir schreibt, bestand der den Jungen zugetragene Raub hauptsächlich aus Eichhörnchen, Tauben (ein Kukuk), Eichelhehern und ungemein viel Mäusen. Die Alten fangen auch Mistkäfer.

Die Uraleule scheint nach unseren und anderen Beobachtungen ein ziemlich vertrauter Vogel zu sein. Auf das bekannte, von Schmidt mit Virtuosität ausgeführte „Mäusereizen" reagirte sie wie alle Eulen, doch aber nicht so stark wie der Waldkauz.

42. Die lappländische Eule
(Strix lapponica, Retzius).

Bartkauz, Lapplandskauz: Syrnium and Ulula lapponica oder latchala.

Ein hochnordischer, vorzüglich in Lappland, Finnland und Sibirien hausender Kauz, der aber schon in Preussen und Schlesien — wenn ich nicht irre im Ganzen nur dreimal — erlegt worden ist und daher kurz beschrieben werden soll.

Eine der grössten Eulen, die bis 70 cm lang und 140 cm breit wird.

Der riesige Kopf mit den kleinen feurigen, goldgelben Augen und dem knebelbartartigen Kinnfleck geben dieser Eule ein wunderbares Ansehen. Jeder, dem ich sie zum ersten Male im Naturalienkabinet gezeigt, konnte einen Ausruf des Erstaunens kaum unterdrücken. Das Gefieder ist auf lichtgrauem Grunde braun gewellt und fein bekritzelt und mit schwarzbraunen Schattflecken versehen; um die Augen schmale, schwärzliche, concentrische Kreise. Schwingen braun, die mittleren mit hellen Querbinden. Schwanz braun mit aschgrauen Querbändern.

Wenn sie jemals einem Jäger vor die Flinte kommen sollte, würde er sie als Seltenheit ersten Ranges nicht verkommen lassen dürfen, sondern einem Naturforscher zusenden müssen.

43. Die Schleiereule
(Strix flammea, Linné).
Perleule, Goldeule, Kirchaneule, Schleierkauz,

Die Schleiereule (Strix flammea, Linné)

Der Schleierkauz ist eine unserer schönsten Eulen. Ein Hauptkennzeichen der Schleiereule ist ihr eigenthümlich herzförmiges, fast dreieckiges Gesicht, welches durch die wunderbar verschiedenen Federn gebildet wird, das man aber meist nur bei lebenden Eulen sieht, da es sehr wenige Ausstopfer giebt, die verstehen, dasselbe ganz richtig wiederzugeben. Die Ständer sind oben befiedert, der untere Theil derselben sammt den Fängen ist nur mit Borsten besetzt. Das Auge ist braun, der Schnabel weisslich. Die Oberseite ist von angenehmem

Grau mit weissen tropfen- oder perlartigen Flecken, die durch schwarze Umgrenzung noch hervorgehoben werden. Unterseite schön rostgelb mit aschgrauen, gespreizkelten Querbinden und grauen Tüpfeln. Schwanz ebenso mit vier dunkelgrauen Querbinden. Länge 35 cm, Flugbreite 95 cm. Weibchen etwas stärker. Varietäten, bei denen die Unterseite fast weiss wird, sind nicht selten.

Der Schleierkauz bewohnt fast alle gemässigten Länder. In Deutschland ist er überall heimisch. Aber nicht der Wald vermag ihn zu fesseln; Kirchthürme, alte Schlösser und Ruinen, Scheunen und Speicher, Böden in Stadt und Land sind seine Lieblingsaufenthaltsorte. Hin und wieder horstet er auch nahe den Städten im hohlen Baum eines Parkes oder Gartens, sonst an den oben angeführten Orten in Löchern und dunklen Ecken. Nicht nur zu ihrer eigentlichen Brütezeit, im April und Mai, sondern auch in allen Sommermonaten, namentlich auch im Herbste, September und Oktober, hat man Eier und Junge dieser Eule gefunden. Die erste Beobachtung im Herbste horstender Schleiereulen machte Graf Roedern in Breslau, nach ihm aber verschiedene andere Forscher. Ich selbst habe auf Herrn Kuwert's schönem Gute bei Königsberg i. Pr. am 6. November Junge gesehen, die noch einen Theil ihres Dunenkleides hatten und vor Kälte zum Theil erstarrt waren.

Die Schleiereule legt gewöhnlich vier bis sechs ziemlich längliche, völlig glanzlose weisse Eier, welche 10:31 mm messen.

Sie ist ein echter Standvogel wie wenig andere Vögel.

Die Stimme der Schleiereule ist ein hässliches, unschönes, rauhes „Chrüü", das man nur Abends und Nachts vernimmt, denn sie ist durchaus Nachtvogel.

Die Schleiereule ist infolge ihrer Nahrung die harmloseste und resp. nützlichste aller unserer Eulen. An irgendwie jagdbarem Wilde vergreift sie sich niemals. Wenn sie jemals dazu kommen sollte ein Vögelchen zu schlagen, so sind dies fast immer Sperlinge oder höchstens einmal ein Mauersegler, mit denen sie zusammen in Gebäuden wohnt. Es bilden Mäuse und grosse Insekten fast ihren ausschliesslichen Raub! Der gewissenhafte und aufmerksame Pfarrer Jäckel fand in 1579 von ihm untersuchten Schleierkauzgewöllen nicht weniger als 10 465 der Landwirthschaft schädliche Thiere, nämlich 4750 Mäuse und Ratten, 5623 Wühlmäuse, 1 Kirschkernbeisser, 72 Maikäfer, 182 Maulwurfsgrillen!

Wir müssen daher die Schleiereule nicht nur zu den der Jagd in keiner Weise nachtheiligen Thieren, sondern sogar zu den allernützlichsten Vögeln zählen und sie der dringendsten Schonung anempfehlen. Die Tödtung solcher nützlichen Thiere — wofern nicht etwa ein wissenschaftliches Motiv vorliegt — ohne Zweck ist in meinen Augen unwaidmännisch und nicht zu billigen. Die Erlegung solch vertrauten Vogels kann ebenfalls keinen Reiz haben, und sie als guten „Zeitvertreib" zu betrachten ist nicht viel weniger tadelnswerth, als jenes mit allem Recht so viel getadelte Morden Tausender von Waldschnepfen, welches mehrere Engländer im Peloponnes verübten, nur des „Vergnügens" halber, nur um sie unbenutzt in den Bergen verfaulen zu lassen!

44. Der Kolkrabe

(Corvus corax, Linné).

Rabe, Kohlrabe, Edelrabe, Corvus littoralis, maximus, Corvus nobilis.

Der Kolkrabe ist unter unsern deutschen Rabenarten stets an seiner Stärke zu erkennen. Im Fluge hat er viel Raubvogelartiges, macht sich aber durch seinen kräftigen Schnabel selbst in der Ferne auffällig. Die ganze Beschreibung könnte man zusammenfassen in die Worte: Kohlrabenschwarz, selbst das Auge bei Jungen schwärzlich, bei Alten braun. Fügt man hinzu, dass Alte einen metallischen, schimmernden Glanz haben, Junge dagegen mattschwarz sind, die Länge im Mittel 62, die Flugbreite 122 cm beträgt, so kann man die Beschreibung für unsere Zwecke als genügend ansehen. Mit der ihm sonst fast völlig gleichenden Rabenkrähe ist er wegen seiner Stärke, namentlich des gewaltigen Schnabels, starken Fänge und seiner tiefen, wie kolk, kolk oder ork, ork klingenden Stimme niemals zu verwechseln.

Der Kolkrabe ist über ganz Europa, fast ganz Asien und Nordamerika verbreitet. Er horstet in Deutschland überall da, wo er Beute findet und möglichst wenig gestört wird. Eine Stunde von Wesel horstet ein Paar seit Jahren in sehr belebter Gegend; mehrfach wurde der Horst zerstört, die Alten aber sind allen Nachstellungen entgangen, welche freilich viel zu wenig beharrlich und praktisch stattfinden. Im vorigen Jahre hat er sich neben einer kleinen, aus etwa zwölf bezogenen Horsten bestehenden Reihercolonie angesiedelt; er ist meiner Meinung nach fast allein Ursache, dass an diesem kleinen Reiherbrutplatz nicht eines Horstes Brut ausgeflogen ist; von den etwa zwölf beflogenen Reiherhorsten liess ich einen der Eier berauben, in einem lag ein todtes Weibchen auf den verdorbenen Eiern, und das Zerstören sämmtlicher zehn übrigen Horste schreibe ich auf Rechnung der Kolkraben, denn Menschenhände haben sich nicht darum bemüht.

Des Raben Horst steht meist in gewaltiger Höhe auf Kiefern oder anderen Waldbäumen. Trotz seiner nicht unbedeutenden Grösse ist er oftmals nicht leicht zu sehen, zumal da der Rabe schon von Weitem abstreicht und den Horst nicht leicht verräth. Daher erklärt sich eine wunderbare Sage, die ich von rheinischen Bauern gehört: „Die alten Deutschen erzählten, dass der Zeisig in sein Nest einen unsichtbar machenden Stein trüge, um es den Feinden nicht zu verrathen. Der kluge Rabe weiss dies und stiehlt den Stein, da er bekanntlich glänzende Dinge liebt, schleppt auch, weil er den kleinen Stein nicht leicht finden kann, das ganze Nest in seinen Horst, wodurch derselbe natürlich ebenfalls unsichtbar wird; zur Auffindung der Zeisignester befähigt ihn sein scharfer Geruch, vermöge dessen er auch das Pulver wittert, und das unsichtbare Nest ergreift er tastend mit dem Schnabel." Diese Sage ist nicht uninteressant, aber augenscheinlich neueren Ursprungs; sein Geruchsinn ist es übrigens nach Brehms Ansicht nicht, welcher ihm zur Aufsuchung seiner Nahrung dient, sondern sein dem „Falkenauge" kaum nachstehendes Gesicht. Andere glauben, dass der Rabe durch die Witterung geleitet werde, und ist hier ein interessantes Feld der

Beobachtung für den Waidmann. Ich möchte eher an das Auge als Leiter glauben, doch sind gewichtige Stimmen für die Witterung, denen ohne Zweifel Beobachtungen zu Grunde liegen; möglich ist es auch, dass beide Sinne ungemein scharf ausgebildet sind und nach den Umständen ausgenutzt werden. Bei uns findet man, wie gesagt, den Horst auf hohen Bäumen, in anderen Gegenden steht er auf Felsen, sowohl auf Grönlands Gletscherbergen, als auf dem sonnendurchglühten schwarzen Gestein der canarischen Inseln. Schon im Anfang des Märzes legt der Rabe in der Regel seine drei bis sechs Eier, welche in der Farbe ganz den Kräheneiern gleichen, auch ebenso variiren, aber mindestens 47 : 34 mm messen und wahrscheinlich von beiden Alten, vielleicht aber auch vom Weibchen allein bebrütet werden.

Die Nahrung des Kolkraben ist die allermannigfachste. Alles muss ihm zum Frasse dienen. Er sucht allerlei Pflanzenstoffe und Insecten, ist aber dabei einer der gefährlichsten Räuber, der es an Muth und Stärke mit manchem, an List und Ausdauer mit jedem Raubvogel aufnimmt. Er liebt die Eier ausserordentlich und kröpft junges Geflügel aller Art. Selbst ausgewachsene Hasen bewältigt er nach der Beobachtung Vieler, den Junghasen ist er überaus gefährlich, welche er bis zur Halbwüchsigkeit im Schnabel fortzutragen vermag. Ich habe auch schon behaupten hören, er werde sogar Rehkälbern gefährlich; unmöglich ist es nicht, dass solche Fälle vorkommen können, aber man kann annehmen, dass meistens die Ricke den Räuber vertreiben wird; der Schnabel des Raben ist eine furchtbare Waffe; behaupten doch die Hirten auf den canarischen Inseln, er hacke jungen Ziegen die Augen aus und tödte sie dann vollends; sie nennen ihn daher, wie Bolle mittheilt, el pajaro mas perro, d. h. den hundsgemeinsten Vogel, nehmen wo sie können die Jungen aus den Nestern und quälen sie zu Tode.

Der Jäger muss ihn natürlich nach Möglichkeit zu vermindern suchen, was freilich auch der Cultur mehr und mehr gelingt, denn er ist in den meisten Gegenden Deutschlands schon sehr selten geworden.

Die Jagd auf den Raben ist von grösster Schwierigkeit. Selbst am Horste ist die unermüdlichste Ausdauer nöthig, obgleich die Liebe zu den Jungen gross ist. An ein Beschleichen, auch auf dem Nachtstande, ist gewöhnlich gar nicht zu denken.

Einmal gelang es einem meiner Bekannten, einen von sieben Stück, welche zum Theil auf einem verendeten Reh, zum Theil in dessen Nähe sassen und kreisten, mit Schrot zu erlegen, auch schoss mein Vater einen auf freiem Felde, der über einer Kette Hühner schwebte. Bei Königsberg stattete ich mit einem Freunde den vor der Stadt gelegenen grossen Abfuhrplätzen einige Besuche ab, um eine aus dem Osten gekommene sehr hell gefärbte Dohlenform zu erbeuten; bei dieser Gelegenheit sahen wir hin und wieder Kolkraben, welche um Lumpensammler und Fuhrleute sehr vertraut herumstrichen, aber vor unseren guten Flinten eine heilige Scheu bewiesen, bis einmal einer ganz arglos auf etwa zehn Schritte zu Schuss kam. Solche Fälle sind aber seltene Ausnahmen, wie sie Hunger und absonderliche Umstände bei jedem Vogel möglich machen. Sonst ist ihm aus der Luderhütte beizukommen, auch stösst er sehr zornig auf den

Uhu, doch halte man schnell darauf und benutze jeden Moment zum Schiessen. Man soll den Raben auch in kleinen Eisen fangen können, doch wird dies wohl nur in besonderen Fällen möglich sein. Die Vernichtung der Horste ist jedenfalls die Hauptsache und überall anzurathen.

45. Die Saatkrähe	46. Die Rabenkrähe	47. Die Nebelkrähe
(Corvus frugilegus, Linné).	(Corvus corone, Linné).	(Corvus cornix, Linné).

Die Rabenkrähe, Krähenrabe, gemeiner, kleiner Rabe, wird mit der sehr ähnlichen Saatkrähe vielfach verwechselt; diese beiden Vögel haben aber — ausser ihren für den Kundigen immerhin recht bedeutenden und stets constanten Verschiedenheiten — eine total andere Lebensweise, so dass in den Augen des Waidmanns die Rabenkrähe zu den schädlichen, die Saatkrähe zu den unschädlichen Vögeln gehört. An diesen beiden Vögeln zeigt sich so recht, wie sehr auch für den Jäger die scharfe Unterscheidung der Arten von Wichtigkeit ist, und es wird auch nur dadurch möglich, dass der oft ganz vorzüglich beobachtende Waidmann den ihm so nahe stehenden Forscher unterstützt.

Was nun unsere Krähen anbetrifft, so gebe ich ein sehr wenig bekanntes, leicht fassliches Kennzeichen an:

bei der Rabenkrähe ist die erste Schwungfeder kürzer als die neunte,

bei der Saatkrähe ist die erste Schwungfeder ebenso lang als die neunte,

wohlverstanden: die erste, welche weit kürzer als die nächstfolgenden und nicht zu übersehen ist! Wer dies Kennzeichen beachtet, wird beide Krähen leicht unterscheiden können und finden, dass auch der Schnabel ein ganz verschiedener ist, dass er bei der Rabenkrähe kürzer und dicker, bei der Saatkrähe länger und spitzer ist, dass die alten Saatkrähen schon in der Ferne an den abgestossenen Federn rings um den Schnabel kenntlich sind, wodurch ein weisslicher, sehr auffallender, in hoher Luft sichtbarer Fleck entsteht, dass dagegen die Rabenkrähe niemals diese Federn abstösst, dass die Saatkrähe ganz andere, fein zerschlissene Halsfedern hat, dass die alte Saatkrähe herrlich stahlblau und purpurn glänzt, die Rabenkrähe dagegen nur ganz unbedeutenden Glanz zeigt. Uebrigens ändern beide sehr in der Stärke ab, namentlich die Rabenkrähe in Form und Grösse der Schnäbel und Ständer. Ich habe ihrer eine grosse Anzahl gemessen und augenblicklich eine ganze Schublade voll „Bälge" vor mir liegen, und komme in Verlegenheit, ein Mittelmaass anzugeben, da ich Stücke von 43 bis 48 cm Länge und 89 bis 98 cm Flugbreite gefunden habe, doch glaube ich, dass 45 Länge und 94 Breite der Durchschnitt sein wird; die Saatkrähe ist ebenso gross.

Trotz der Aehnlichkeit beider Krähen kann man sie schon im Fluge unterscheiden, da die Saatkrähe längere und schmälere Flügel hat, daher ein anderes Bild in der Luft darbietet, als die gedrungenere Rabenkrähe. Wer beide Krähen

hat zu gleicher Stunde oder gar zusammenfliegen sehen, wird leicht den Unterschied erfassen.

Beide haben in Deutschland keine mit ihnen zu verwechselnden Verwandten,
nur die sibirischen Formen werden von Einigen als verschiedenartig betrachtet;
von der Rabenkrähe wie es scheint nur durch die Farbe zu unterscheiden ist die
graue Krähe, Nebelkrähe (Corvus cornix, Linné),
welche mit Ausnahme von Schwanz, Flügel, Kopf und Kehle grau ist. Sie ist
im östlichen Theile Deutschlands heimisch, die Rabenkrähe im westlichen; beide
sollen sich gerupft nicht erkennen lassen — ich habe es noch nicht versucht.
Trotzdem sind es verschiedene Arten,*) wie ihre Verbreitung, die microscopische
Untersuchung der ganz gleich aussehenden Eier u. a. m. zweifellos zu beweisen
scheint. Was nun die Lebensweise der drei Krähen anlangt, so stimmen corone
und cornix darin ziemlich überein, während frugilegus ganz anders lebt. Die
Saatkrähe horstet immer in grösseren Gesellschaften beisammen, daher die Namen
Gesellschaftskrähe, Siedelkrähe und Coloniekrähe. Oft sind diese „Colonien" von
ganz enormem Umfange; viele tausend Horste stehen dicht beieinander, mehr
als ein Dutzend zuweilen auf einem Baume; das Geschmeiss incrustirt derart Alles,
dass Gras und Bäume verdorren, das Geschrei ist betäubend; indess geht es
nicht immer so gewaltig her und sind kleinere Nistplätze von einigen Dutzen-
den oder Hunderten ein interessantes Bild des Vogellebens. Im Rheinland sind
grosse und kleine Colonien sehr zahlreich vorhanden, in Pommern, Anhalt und
anderen Orten ebenfalls eine Menge, in manchen Gegenden dagegen nur wenige.
In Ostpreussen**) giebt es nur sehr wenige Colonien, im Samlande kannte ich
nur eine sehr unbedeutende, welche durch einen Forstbeamten und einige schiess-
lustige hochgelahrte studiosi rerum naturalium derart befehdet worden ist, dass
sie nicht mehr bestehen soll.***)

Die Saatkrähe ist noch in Norddeutschland Zugvogel; nach Brehm u. a.
vereinigt sie sich auf dem Zuge in gewaltigen Schwärmen, indess muss sie
manchmal auch in minder grossen Vereinen ziehen, denn ich habe sie über Sam-
land öfter in geringen Flügen, sowohl auf dem Wegzuge, als bei der Rückkehr
wandern sehen. In wärmeren Theilen Deutschlands ziehen sie nicht fort, mindestens nicht regelmässig; die Weseler Gegend verlassen sie nicht. In diesem
milden Winter (1883 84) z. B. haben wir sie schon im Januar an ihren alten
Nestern herumzupfen, sogar den Boden verkleben sehen; die überwinterten (im

*) Einige Forscher freilich halten sie immer noch für gleichartig.   E. H.
**) In Schlesien ist eine sehr ausgedehnte Colonie im Schutzbezirk Tarxdorf der Oberförsterei
Schönaiche. Da die umliegenden Gutsbesitzer alljährlich um Abtrieb der uralten Kiefern und
Abschuss der Krähen petitioniren, so finden im Juni stets mehrere Jagden statt, auf denen mit
Kugelschüssen von enorm hohen Kiefern stets mehrere hundert Krähen herunter geholt werden.
                                                                                R. von Schmudeberg.
***) Zwei dieser gelehrten Jünglinge drehten auch einer jungen Drosselbrut die Hälse um,
in dem Glauben eine schädliche Eichelhäherfamilie vor sich zu haben! Nomina sunt odiosa;
die Herren haben es bereut! Man sieht aber, was blosse Büchergelehrsamkeit, wenn sie aller
Praxis und Liebe zur Natur entbehrt, für Blüthen treiben kann.   E. H.

Rheinlands legen noch im März, die fortgewanderten (Ostpreussen) Ende April. Die Eier sind von denen anderer Krähen zu unterscheiden, da sie kleiner und namentlich dünner sind, die Länge durchschnittlich 38 bis 42, die Breite 28 bis 29 mm beträgt, die Zeichnungen auch meist feiner sind.

Die Rabenkrähe horstet dagegen einzeln, wohl einmal zwei oder drei unweit von einander, aber niemals gesellschaftlich; der Horst selbst ist flacher und niedriger, die Eier grösser und namentlich dicker, wie jene grünlich mit graugrünlichen, grauen, braunen Flecken, sehr selten einmal ungefleckt, meist etwa 43 : 30 bis 49 : 32 mm gross. Wenn man in einem Artikel liest: „Die Rabenkrähe lebt in der ganzen Gegend leider noch in zahlreichen und grossen Vereinen," so ist das zu berichtigen, und hat der Beobachter ohne Zweifel Saatkrähen vor sich gehabt. Ebenso wie die Horste der Rabenkrähe sind die der Nebelkrähe gebaut, auch die Eier sind von total demselben Aussehen.

Ebenso verschieden sind die Krähen in ihrer Nahrung: die Saatkrähe lebt fast nur von Insecten, Schnecken, Würmern, Getreide, Sämereien, Früchten, Wurzeln und Aas. Trotz vielfacher Beobachtungen ist es mir und vielen Anderen nie gelungen, sie beim Nesterplündern zu beobachten. Dagegen ist die Rabenkrähe und noch mehr die graue Krähe ein furchtbarer Eierdieb und Vogelfresser. Sehr verschieden sind die Individuen nach des Ortes Gelegenheit. Solche Paare, welche in der Nähe des Meeres horsten, suchen ihren Frass fast nur in dem, was die See auswirft, sind somit ziemlich unschuldige Geschöpfe; namentlich lieben sie Muscheln. Mein Vetter, der Hauptmann Paysen, hat am Nord- und Ostseestrande wiederholt beobachtet, dass die Nebelkrähen die „grossen schwarzen" Muscheln aufheben und aus der Luft herabfallen lassen um zu dem Inhalt zu gelangen; sie wiederholten dies mit einer Muschel oft mehrmals, bis sie ihren Zweck erreicht hatten. Dasselbe haben verschiedene Forscher beim nordischen Kolkraben gesehen, andere vom südlichen Lämmergeier, welcher namentlich zu dem Fleische der Schildkröten auf diese Weise zu gelangen sucht, bei den Krähen aber ist es meines Wissens noch niemals constatirt. Die schlimmsten Räuber sind diejenigen Krähen, welche in der Umgebung von schilfreichen Teichen und Seen wohnen. Immer sieht man sie an den Röhrichten lauern und sie nähren sich zum grössten Theile während des ganzen Frühjahrs und Sommers von den Eiern und kleinen Jungen der Wasservögel. Wenn man sich — wie ich in Ostpreussen oft genug beobachtete — den Colonien der Haubentaucher*) zu Boote nähert, so stossen sofort die Nebelkrähen ins Binsendickicht hinein und kommen gleich darauf mit einem Taucherei im Schnabel wieder heraus; sie können die Eier des grossen Steissfusses, welche doch 37 Millimeter dick sind noch ohne Mühe mit dem Schnabel fassen; ich habe mehr als eine mit solchem Ei im Schnabel herabgeschossen, wenn ich auf dem Haff und den masurischen Seen forschte. Da die Tauchernester auf dem Wasser schwimmen, so mag es ihnen wohl nicht bequem sein, die Eier an Ort und Stelle zu verzehren, auch mögen sie die erzürnten Eltern fürchten, da sie auch Enten- und Wasserhühnereier fort-

---

*) Grosser Steissfuss, Lappentaucher, Krontaucher, auch wohl Lorch oder Zorck genannt, Podiceps oder Colymbus cristatus, L.   E. H.

schleppen, zum Theil zu ihren Jungen in den Horst. Ebenso gern wie die Eier, rauben sie junge Vögel, Enten, Hühnchen, Lerchen, zerren Meisen, Staare, Spatzen aus Baumlöchern und Staarkästen hervor, sollen auch Habichten ihre Beute zuweilen abjagen. Während des Herbstes und Winters suchen sie meist Insecten und Würmer, gehen in Schwärmen auf die Mist- und Abfuhrplätze, Pferdedünger, Rinnsteine und dergleichen, sind aber bei tiefem Schnee den Hasen gefährlich: sogar gesunde, kräftige Hasen greifen sie dann mit vereinten Kräften an und wissen ihnen mit bewundernswerther Ausdauer nach den Sehern zu hacken, bis der arme Lampe blind gemacht ist und binnen Kurzem getödtet wird. Junghasen überfallen sie auch im Frühjahr, wenn sie Frass genug finden können.

Schliesslich sei noch bemerkt, dass auch diese Krähen in wärmeren Gegenden Stand- oder Strichvögel sind, im Norden aber wandern.

Die aus der oben angegebenen Nahrung der Krähen zu ziehenden Folgerungen sind wohl nicht zweifelhaft. Die Rabenkrähe und die vielleicht noch gefährlichere Nebelkrähe muss der Waidmann viel eifriger verfolgen, als es in der Regel zu geschehen pflegt: auf den gar nicht so immensen Nutzen, den sie dem Landwirth leisten, kann der Jäger keine Rücksicht nehmen, wenn er ein Jagdpfleger sein will, und verfolge sie daher mit Eifer. Es ist nicht schwer, sie am Horste zu schiessen. Im Frühjahr bildete bei uns das Aufsuchen der Krähenhorste und das Schiessen der abstreichenden Alten einen nicht uninteressanten Sport und zugleich eine gute Uebung im Flugschiessen, denn die alte Krähe streicht geschickt vom Horst. Mit dem Fang von Krähen wird sich wohl ein Waidmann kaum abgeben können, aber ausser der Brutzeit kommt auch gar manche zu Schuss und man geize dann nicht mit dem Pulver!

Anders verhält es sich mit der Saatkrähe. Ich halte sie für gänzlich unschädlich für das Wild, und wohl alle Forscher und Beobachter mit mir. Sie wird durch das Aufzehren einer Menge von Insecten und deren Larven so nützlich, dass auch der Schaden, den sie durch das Stehlen von Wallnüssen, Obst, Getreidekörnern und dergl. thut, ganz in den Hintergrund tritt. Ein Forstaufseher erzählte, sie zögen die jungen Kiefernpflanzen aus der Erde und bauten daraus ihre Horste; ich untersuchte diese Sache und fand: es war Wahres daran, aber viel Uebertreibung. An den Wurzeln der auf Dünensand gepflanzten Kiefern lebten zahlreich die überaus schädlichen Larven oder Engerlinge des grossen braun und weiss gefleckten Walkers oder Dünenmaikäfers, Melolontha fullo! Deswegen wurden die Pflanzen von den Krähen herausgerissen, um zu den Engerlingen zu gelangen und einige Horste enthielten ein paar Kieferchen als Ausfütterung! Man sieht wieder, wie nöthig überall gründliche Beobachtung ist, da sie oft gerade das Gegentheil von dem beweist, was oberflächliches Betrachten ergab.

Etwas anderes ist es, wenn sich die Saatkrähen an unliebsamen Orten ansiedeln. So erlebte ich den Fall, dass sie sich auf einem Kirchhofe niederliessen; durch die indezentesten Handlungen, welche sie unter möglichstem Geschrei vornahmen, durch Beschmutzen der andächtig entblössten Häupter störten sie die heiligen Ceremonien, so dass die hohe Geistlichkeit ein förmliches Gesuch um Abschiessen der schwarzen Uebelthäter einreichte.

Solche und ähnliche Fälle machen unter Umständen eine Verfolgung nöthig, und es zeigt sich dann, wie hartnäckig sie auf ihrem Platze verharren. Unter solchen Verhältnissen würde auch ein aus übertriebener Schonungssucht gegebenes Gesetz von grossem Uebelstande sein. Für gewöhnlich, liebe Waidgenossen, schont die Saatkrähe! Zur Verminderung der Raben- und Nebelkrähe aber sparet nicht das Pulver und rufe ich Euch ein frohes Waidmannsheil zu!

48. Die Dohle
(Corvus monedula, Linné).

Dohlenrabe, Dachkrähe, Talke, Monedula turrium, Brehm.

Die Dohle ist unter allen anderen Krähenvögeln schon in weiter Ferne an ihrem raschen, gewandten, fast taubenartigen Fluge zu erkennen, nächstdem an ihrer geringen Grösse, denn ihre Länge beträgt nur 32, ihre Flugbreite 68 cm.

Die alte Dohle hat glänzend blauschwarze Flügel und Schwanz und einen solchen Stirn und Scheitel bedeckenden runden Fleck, der sie wie ein Käppchen ziert; dann ist die Unterseite und der Rücken dunkelaschgrau, mit schwachem Glanze, der Hals hinten und an den Seiten von einem netten Silbergrau; Männchen und Weibchen sind wie bei allen Krähenarten wenig oder gar nicht verschieden, dagegen sind die Jungen düsterer und matter, der Hals trübe, das Käppchen matter. Das Auge ist perlweiss, Schnabel und Fänge schwarz.

In Deutschland lebt nur diese eine Dohlenart; sie bleibt in den meisten Gegenden auch im Winter; in Ostpreussen, wo sie selten nistet, kommen beim ersten Schnee oder früher gewaltige Massen von Osten her; namentlich zeichnen sich darunter viele aus, die herrlich silberweisse Halsseiten haben; ebenso gefärbte nisten in Moskau; diese Schaaren schlafen theils in Königsberg auf den Dächern, theils zu Tausenden auf hohen Bäumen; sie suchen ihre Nahrung auf Mist- und Abführstätten, auf Feldern und Strassen. Obgleich ich ihrer Tausende täglich gesehen, habe ich nie bemerkt, dass sie Vögel und Hasen belästigten, möchte sie auch viel zu schwach dafür halten. Anders an ihrem Nistplatze. Sie nisten gesellschaftlich, entweder in Löchern alter Thürme und Festungswerke, in Schornsteinen, in Baumlöchern, auch in alten Saatkrähenkolonien in den leer gebliebenen Horsten. Mit dem Thurmfalken scheinen sie gute Kameradschaft zu halten; sie brüten auch oft sehr niedrig unter den Dächern stiller Blockhäuser, in Festungswerken sehr gern in den Schiessscharten. Das Nest ist ein grosser Haufen von Reisig und Grasstücken, mit Erde fest verklebt; es ist ergötzlich anzusehen, mit welchem Eifer sie kleine dürre, manchmal auch gesunde Zweige von den Bäumen brechen. Die Eier werden im April gelegt, und zwar vier bis sieben, gewöhnlich fünf an der Zahl. Diese sind kleiner als Kräheneier, nur 36 : 26 mm messend, auf hellblaugrünem Grunde mit bläulichgrauen Schalenflecken und dunkelbrauner Zeichnung. Die Grundfarbe verbleicht in den Sammlungen stark. Wenn nach der Brütezeit von beiläufig 18 Tagen die Jungen ausgefallen sind, werden die Dohlen einigermassen schädlich. Es lässt sich nicht leugnen, dass sie eine Menge Insecten vertilgen, aber mehr grosse als kleine, und gerade die kleinen Insecten sind oft die gefährlichsten, während die grossen Lauf- und Mistkäfer etc. nützlich resp. unschädlich sind. Leider frisst die Dohle auch Eier und junge Vögel, welch' letztere sie auch, wie ich selbst einmal beobachten musste, ohne eingreifen zu können, aus Staarkasten hervorzerrte. Trotzdem ist dieser Schaden wohl nicht von grosser Bedeutung, weil die Dohle nur gelegentlich zu dergleichen Räubereien kommt; weit lästiger wird sie durch das Stehlen von Obst, namentlich Kirschen und Frühbirnen, Wallnüssen und Pflaumen, sowie durch Abfressen der keimenden Saaten und Gemüse. Wo sie, wie hier, in Menge in der Nähe von Gärten nistet, kann dieser Schaden erheblicher werden, als man im Allgemeinen annehmen mag. E. von Homeyer rechnet sie zu den mehr schädlichen Krähenarten, während Brehm zu der entgegengesetzten Meinung hinneigt. Jedenfalls wird es nur selten vorkommen, dass die Dohle jagdbares Wild gefährdet, obgleich man gut thun wird, sie in der Nähe von Fasanerien nicht zu dulden, überhaupt sie gut im Auge zu behalten.

Im Freien lassen sich nur die Jungen mit Schiessgewehr ankommen, aber man kann sie an ihren Schlafplätzen in Menge erlegen, auch die Jungen ohne Mühe schiessen, und will ich bemerken, dass junge Dohlen einen äusserst schmackhaften, jungen wilden Tauben ähnelnden Braten abgeben, während die Alten gewaltig zäh sind; es sollen auch junge Krähen und unter ihnen die Saatkrähen am besten schmecken. Ueber Krähen kann ich nicht aus Erfahrung berichten, aber mit jungen Dohlen einen Versuch zu machen, rathe ich Jedem an — er wird sicher wiederholt werden. — Das beste Mittel zur Verminderung ist das Vernichten der Horste und Schiessen beim Bau derselben, was sie durchaus nicht vertragen können.

49. Die Elster
(Pica caudata, Linné.)

Elster, Schalaster, Atzel, Pica catia, melanoleuca, albiventris, europaea, Corvus pica.

Wer kennt nicht den herrlich in den preussischen Farben prangenden Vogel, die geschwätzige, diebische, schlaue Elster? Am Bauch, Schultern und den Innenfahnen der grossen Flügel ist sie leuchtend weiss, und Flügel- und Schwanzfedern schillern so prachtvoll purpurn und blaugrün; wer hätte sich noch nicht an ihr gefreut, und ihr treffliches Steuer, den ausserordentlich langen Schwanz bewundert? Wie ich als Kind eine Elster fliegen sah, soll ich weinend nach Haus gelaufen sein und gerufen haben: „Papa komme schnell mit dem Gewehr, dort ist ein armer Vogel, dem ein Jäger einen Pfeil in den Schwanz geschossen hat, der kann nicht sterben und ist so schön, wie Du noch keinen geschossen hast."

Leider verdient die schöne Elster unsere Liebe nicht, denn sie ist der allerabscheulichste Nestplünderer. Im Herbst und Winter freilich sieht man sie anscheinend harmlos auf Feld und Wegen und Düngerstätten nach Insecten, Larven und allerlei Abfällen suchen, auch im Sommer fällt ihr manche Raupe und dergleichen zum Opfer; aber sie versteht selbst im Winter alte Vögel zu rauben, welche sie nicht so fürchten wie den Raubvogel und daher leicht übertölpelt werden. Unter den Eiern aller Vögel und den kleinen Jungen haust sie in schrecklicher Weise: junge Enten und Hühner holt sie vom Geflügelhofe weg, und wird namentlich den Rebhühnereiern, aber auch den Junghasen sehr gefährlich. Leider wird sie viel zu wenig verfolgt; der Bauer lässt sie im Obstgarten und unmittelbar vor seiner Thür brüten, auf den Chausseebäumen sieht man ihre grossen Horste und nur zu wenige Jäger kenne ich, die ihnen systematisch nachstellen. Die Elster ist in der That ein scheuer Vogel, den man nicht allzu oft zu Schuss bekommt; sie übernachtet aber meist in einzelnen dichtästigen Bäumen, am liebsten in Fichten und Kiefern in den Anlagen und Gärten, und geht ziemlich zeitig zur Ruhe; man kann sie daher in solchen Bäumen schiessen, wenn man vorher den ungefähren Schlafplatz ausgekundschaftet hat. Das beste Mittel, sie zu vertilgen, ist das Zerstören des Horstes. Derselbe ist hoch und dickwandig gebaut, oben zum Unterschied von allen anderen mit einem leichten Dach aus Reisern versehen, unten sehr fest mit Lehm verkleistert. Meist steht er hoch in Pappeln, Obstbäumen, Akazien, auch Fichten und allen anderen Bäumen, manchmal aber in sehr dichten Dornbüschen und Bosquets so niedrig, dass man vom Boden hineinlangen kann. Das Gelege findet man wohl nicht vor dem 15. April; es besteht aus fünf bis acht Eiern; zweimal haben mein Vater und ich bei Glatz Gelege von neun Eiern gefunden, meistens sind es sechs oder sieben an der Zahl.

Die Eier sind etwa so gross wie Dohleneier und variiren ziemlich. Sie messen 35 bis 37 : 24 bis 25 mm und sind ziemlich länglich, von hellgrünlicher, oft weisslichgrüner Grundfarbe, mit grünlichgrauen, aschgrauen und bräunlichgrauen Flecken und Punkten reichlich gezeichnet, meist ziemlich fein.

Die Elster brütet fest und liebt Eier und Junge ausserordentlich. Mein Vater, einer der eifrigsten und besten Elsterjäger, die ich kenne, sucht schon im Winter, wo er geht oder reitet, die alten Elsternester auf und verdoppelt zum Frühjahr seine Aufmerksamkeit. Es wird dann ein Plan entworfen und an einem Tage zur Hauptbrutzeit mit einem oder zwei andern Schützen und einem Kletterer ein Feldzug gegen die Elstern unternommen.

Soweit als möglich in der Runde werden die bezogenen Horste besucht, der Kletterer schlägt mit einem dicken Knüppel an den Stamm und die abstreichende Elster wird von den auf zwei Seiten postirten Schützen beschossen; lässt sie sich nicht herausklopfen, so wird eine Kugel in den Horst gesandt. Der Kletterer wirft dann womöglich den Horst herunter und bringt die Eier herab, von denen etwaige Varietäten für meine Sammlung präparirt, die Uebrigen, soweit sie frisch sind, gekocht und Bekannten des Scherzes halber als Kiebitzeier offerirt werden. Nun aber paaren sich übriggebliebene Gatten mit ledigen Genossen, auch ist wohl eine übersehen, eine andere gefehlt, so dass nach etwa drei Wochen doch noch wieder brütende Paare zu finden sind; daher wird eine zweite, vielleicht auch noch eine dritte Razzia unternommen, so dass in der Nähe selten eine Elsternbrut grosskommt; in der Grafschaft Glatz hat mein Vater vor Jahren eine immense Anzahl auf diese Art vernichtet, denn dort war die Elster

so häufig, wie kaum irgendwo anders — zum grossen Nachtheil der Singvögel,
von denen z. B. die Nachtigall nur an einem einzigen Ort in der Grafschaft
beobachtet wurde. In wieweit das seltene Vorkommen der Nachtigall mit der
Häufigkeit der Elstern zusammenhängt, kann ich freilich nicht sagen, es mag
auch die Höhenlage mit im Spiel sein. Man nehme übrigens keinen groben
Schrot für die Elster; den Horst durchschiesst man meist nur mit der Büchse,
der feine Schrot deckt besser und genügt für die Elster vollständig. Es ist
übrigens nicht rathsam, Elstern von Hunden apportiren zu lassen, da sie gern
nach den Augen hacken, wie anderes Rabengesindel auch. Wenn man indess
allerlei Raubzeug nicht nur jagt, sondern auch zu wissenschaftlichen Untersuchungen zu besitzen wünscht, wird man unter Umständen keine Rücksicht
nehmen können und braucht auch nicht übermässig ängstlich zu sein, da die
Hunde bald sehr gewitzigt werden und den Vogel mit grossem Geschick von
oben fassen, wenn sie erst einmal erfahren haben, dass der Gegner gute Fänge
oder Schnabel hat; im Sumpf z. B. kann man nicht immer zu der erlegten Weihe
oder sonstigem Raubvogel gelangen, und solcher Fälle giebt es mehr.

49. Der Eichelhäher
(*Garrulus glandarius* Linné.)

Der Eichelhäher, Holzhäher, Holzschreier, Markolf, Markwardt, und wie
er sonst noch heissen mag, ist einer der häufigsten und bekanntesten Waldvögel.
Seine herrlichen schwarz und blauen Schulterfedern zeichnen ihn vor Allen aus;
das übrige Gefieder ist grösstentheils von einem schwer zu beschreibenden
ich möchte sagen hellröthlichen Chocoladenbraun.

Nur in Asien hat er ähnliche Verwandte; ebenso unverkennbar ist seine
gewöhnlichste Stimme: ein abscheuliches Kreischen, durch dessen Nachahmung
er namentlich im Sommer leicht angelockt werden kann. Er ist aber mit trefflicher Nachahmungsgabe versehen, und kann allerlei Laute von sich geben, die
er von anderen Thieren vernimmt. Am häufigsten lässt er noch ein Miauen hören,
welches dem des Bussards auf das Täuschendste ähnelt und vielleicht auch eine
Nachahmung ist. Wie bekannt findet man das ganze Jahr über Eichelhäher
in unseren Wäldern. Sie nisten Ende April in Stangenholz und dichten Bäumen
und Büschen und legen fünf bis sieben Eier, welche 30 bis 34 : 22 bis 24 Millimeter messen und auf hellgrünlichem oder hellbräunlichem Grunde meist reichlich mit gräulichen und bräunlichen Flecken und Punkten versehen sind und sehr
variiren, manchmal kleinen Elstereiern nicht unähnlich sehen.

Seine Nahrung besteht aus Kernen und Insecten. Er wird ohne Zweifel
durch Vertilgen von behaarten Raupen und anderem Gethier nützlich; leider
wird dieser Nutzen durch den bedeutenden Schaden, welchen er an den Vogel-
bruten thut, mehr als aufgehoben. Nicht nur Eier, sondern auch junge Vögel
sind seine Lieblingsspeise, selbst alte Vögel sucht er zu tödten, was freilich
nicht viel auf sich hat. Ganz ausserordentlich haben die Drosseln von ihm

zu leiden, deren Nester oft in seiner Nähe stehen und deren Eier er in Menge verzehrt. Es ist daher sehr zu bedauern, dass ihm nicht mehr nachgestellt wird. Mich hat seine Jagd oft höchlichst amüsirt und ich schenke ihm so leicht nicht den Schuss, da ich mich jedes Frühjahr über seinen Eierraub zu ärgern habe. Man kann ihm am Neste, welches nicht allzu schwer zu finden ist, leicht zu Schuss bekommen, dann auch anlocken und von Eichen im Herbste schiessen, die viel Eicheln haben, da er diese ausserordentlich liebt. Man rühmt ihm ja auch nach, dass er eine Menge Eichen pflanze, doch stimme ich vollkommen damit überein, dass dies kaum ein Nutzen ist, weil die meisten der von ihm versteckten Eicheln doch zu Grunde gehen oder an ganz unpassendem Platze keimen, und dass wir uns die Eichen schon selber pflanzen werden. Erwähnen will ich noch, dass nicht zu alte Eichelhäher einen sehr schmackhaften Braten abgeben und, wenn sie im Herbste recht fett sind, zwar die Alten nicht ganz so zart, aber dennoch geniessbar sind.

Ich habe auf meinen Reisen manchen Häher gegessen, wenn in den abgelegenen Dörfern frisches Fleisch im heissen Sommer schwer zu bekommen war und Schinken, Eier und Pökelfleisch nicht mehr schmecken wollte, das stetige Menu in den Dorfwirthshäusern Preussens.

50. Vertheidigung einiger Vögel.

Zu den krähenartigen Vögeln wird auch einer unserer schönsten Vögel gerechnet, die Mandelkrähe, Coracias garrula, welche in ihrer Farbenpracht an die bunten Papageien südlicher Länder erinnert. Sie ist durch das Aufzehren mancher schädlicher Kerbthiere sehr nützlich und nie und in keiner Weise schädlich. Es ist mir schon die Frage vorgelegt, ob sie nicht als Krähe schädlich werden könne, weshalb ich ihrer hier in Kürze erwähne. Ihr Nutzen und ihre Schönheit sollten sie schützen, wenn es nicht das Gesetz schon thäte; leider aber ist gerade ihre Schönheit gefährlich, denn Mancher glaubt sich berechtigt, sie als Stubenschmuck ausstopfen zu lassen; da steht sie dann, bis sie verstaubt und von Motten zerfressen wird und schliesslich in den Ofen wandert. Ebenso ergeht es unserem Eisvogel, welchen man ja neuerdings auch als Fischräuber verfolgt und auf den man — ein schmähliches Zeichen von Egoismus und mangelnder Liebe zu Gottes herrlichen Geschöpfen — einen Preis gesetzt hatte! Die Fischerei ist ja eine Schwester der Jagd, weshalb man mir gestatte, diesen Gegenstand zu berühren. Auch den lieblichen Wasserschwätzer, Cinclus aquaticus, welcher die Gebirgsbäche so herrlich belebt, und auf den die Flinte zu richten, dem sammelnden Forscher die grösste Ueberwindung kostet, der möglicherweise neben seiner Insectennahrung einmal ein Fischlein fangen soll, ihn haben die Fischzüchter auf die Liste der zu vertilgenden Vögel gesetzt; freilich, sie sind leichter zu erlegen, als die grossen Räuber, der Reiher und Cormoran! Wir müssen Homeyer und vielen Anderen zu grossem Danke verpflichtet sein, dass sie ihre Stimmen — wie sich gezeigt hat, nicht ohne Erfolg — gegen das

Tödten dieser lieblichen Geschöpfe erhoben, und wir wollen hoffen, dass unsere Ansicht über diese Vögel mehr und mehr sich verbreitet und die im deutschen Volke soviel und mit Recht gepriesene Liebe zur Natur nicht durch den Krieg gegen so liebliche Thiere eingeschläfert und getödtet werde.

Mancher wird lachen und sich wundern, wenn ich des Kukuks, Cuculus canorus, des „sangesreichen" wie Linné ihn scherzend genannt, hier erwähne. Wem aber, wie ich neulich das Vergnügen hatte, von einem academisch ge-

Der Eichelhäher (Garrulus glandarius, Linne).

bildeten Herrn, einem Leser von Jagdzeitungen und Jagdliebhaber, das alte Bauermärchen aufgetischt wurde, dass der Kukuk im Herbste sein Gefieder ändere, und die Gewohnheiten des Sperbers annehme, daher ein hassenswerther Vogel sei, der wird es in der Ordnung finden, dass ich hier auf den ausserordentlichen, von Jedem anerkannten Nutzen des Kukuks, den er namentlich durch Vertilgung behaarter Raupen schafft, hinweise. Auch wird ihm oft der freilich nicht zu leugnende Umstand zum Vorwurf gemacht, dass durch seine Benutzung fremder Nester mancher junge Singvogel umkomme; aber auch dies wird durch seine Nahrung wieder ausgeglichen, zumal er meist sehr häufigen Arten sein Danaergeschenk anvertraut. Im Winter ist er gar nicht bei uns und verweise ich auf die

Nummern 8 und 16 der Neuen Deutschen Jagd-Zeitung, sowie auf Homeyers und Brehms Schriften.

Hier will ich auch kurz des grossen Kranichs, Grus cinerea, erwähnen, anstatt ihn näher zu besprechen. Es ist natürlich, dass dieser grosse, starke Vogel von ängstlichen Jagdpflegern manchmal fragend und misstrauisch angesehen wird. Er lebt aber grösstentheils von Pflanzenstoffen, Getreide, Würmern, Schnecken, einzelnen Fröschen und dergleichen und wird niemals einem jagdbaren Wilde irgendwie schädlich werden. Auch der Schaden, den er dadurch verursacht, dass er eine Menge Getreide äst, wird aufgehoben, indem er viel schädliches Gethier vernichtet, daher er zu den überwiegend nützlichen Vögeln gerechnet werden muss.

51. Die Würger
(Lanius).

Sie gehören zu den Singvögeln, sind kenntlich an einem Zahn am Oberschnabel, der an der Spitze raubvogelartig herabgebogen ist.

Es leben in Deutschland vier Arten.

Der grosse Würger, Krickelelster, grauer Würger, grosser grauer Neuntödter, Lanius excubitor, Linné. Oben hellaschgrau, unten schmutzig weiss. Flügel schwarz mit weissen Flecken. Der Oberkopf grau, Stirn weisslich, durch die Augen ein schwarzer Streif. Junge und Weibchen unten blassgrau gebändert. Länge 24½, Flugbreite 35½ Centimeter. Er ist der einzige, welcher auch im Winter in Deutschland bleibt.

Lanius minor, der kleine Grauwürger, schwarzstirniger Würger, ist dem vorigen sehr ähnlich, aber kleiner, gleich über dem Schnabel die Stirn schwarz, die Unterseite helllila angeflogen, in den Seiten stärker.

Lanius collurio, der Neuntödter, Dorndreher, rothrückige Würger. Männchen: Kopf und Bürzel aschgrau, der Rücken braunroth, Unterseite weisslich, schwach rosenroth. Auf dem zusammengelegten Flügel kein Weiss sichtbar.

Junge und Weibchen sind oben schmutzig rothbraun, mit Einschluss des Kopfes, erstere schwarz quergewellt. Unterkörper schmutzig weiss mit schwärzlichen Wellenlinien. Er ist der kleinste Würger, nur 17½ cm lang und 28½ klafternd.

Der rothköpfige oder Pommeraner-Würger, Lanius rufus oder ruficeps, ist etwas grösser, etwa 19 cm lang und 31 breit. Auf den Flügeln ein weisser Fleck an den Wurzeln der grossen Schwungfedern; Schultern weisslich. Oben schwarz, unten weiss. Hinterkopf und Nacken braunroth, im Jugendkleide oben graubräunlich mit hellen und dunkeln sichelförmigen Flecken. Brust schmutzigweiss mit schwärzlicher Querfleckung. Das Weibchen matter als das Männchen.

Alle vier Arten kommen in den meisten Gegenden Deutschlands vor; der rothköpfige ist in manchen Strichen sehr selten, der gemeinste wohl überall der rothrückige Würger oder Neuntödter; auffallender Weise ist gerade dieser hier bei Wesel nur sehr vereinzelt, während er in Preussen an solchen Localitäten gerade in Menge lebt. Im Winter ist nur der grosse graue Würger bei uns; dieser hübsche Vogel lebt neben allerlei Insecten und Mäusen auch von einer Menge Vögel; er soll sogar junge Rebhühner tödten. Amseln und Drosseln

Der grosse Würger
(Lanius excubitor. Linné).

Der Neuntödter
(Lanius collurio. Linné).

überfällt er öfter, Naumann sah ihn in Schneehauben gefangene alte Rebhühner angreifen. Glücklicherweise besitzt der muthige Räuber nicht die genügende Fluggewandtheit, um jagdbaren Vögeln grossen Schaden zuzufügen und ist zu klein, um grosse Vögel zu gefährden, aber den Drosselbruten und allen kleinen Vögeln ist er ein sehr gefährlicher Feind, der eifrig verfolgt werden muss. Bisweilen macht ihn der Hunger dreist, sonst weicht er dem Jäger ängstlich aus.

7

Beim Nest ist er zu schiessen, dasselbe steht in dichten Dornbüschen und kleinen Bäumen, meist ziemlich hoch, oft aber niedriger; es enthält vier bis sieben Eier, welche auf hell gelblichem oder grünlichem Grunde braun und grau gefleckt sind und etwa 27 : 20 mm messen. Nach dem Uhu kommt dieser Würger sehr eifrig und muss geschossen werden.

Nicht ganz so schädlich ist der schwarzstirnige Würger. Er lebt grösstentheils von Käfern und anderen Insecten; aber sein Nutzen ist trotzdem nicht weit her, denn meist sind es Laufkäfer und Mistkäfer, welche er fängt, also nützliche und unschädliche Thiere; er fängt auch Mäuse und eine meist zu geringe angeschlagene Anzahl junger Vögel. Sein Nest steht meist recht hoch in Laubbäumen, ist sehr hübsch gebaut, wohl immer mit scharf riechenden Kräutern versehen. Die Eier sind nur wenig kleiner, variiren in Grösse und Gestalt, sind aber fast immer an der grünlichen Farbe kenntlich. Wo Singvögel sich vermehren sollen, muss er trotz seines hübschen Aussehens weggeschossen werden.

Ebenso verhält sich etwa der Rothkopf in seiner Nahrung. Sein Nest enthält ebenfalls vier bis sieben Eier, die manchen Färbungen der Neuntödtereier völlig gleichen, aber fast immer mehr grünlichweiss, bläulichaschgrau und hellbraun gefleckt, dicker und etwas grösser sind. Da dieser Würger meist nicht häufig ist, thut er wenig Schaden, darf aber im Garten und Park nicht geduldet werden.

Der Neuntödter, obgleich der kleinste Würger, ist den Singvögeln sehr gefährlich; er hat sein Nest in niedrigen Büschen und legt sehr verschiedene Eier, bald röthliche, bald grünliche, gräuliche und braun gefleckte. Diese Eier variiren so ausserordentlich, dass eine Beschreibung aller Abänderungen viele Seiten füllen würde. — Obgleich er dem jagdbaren Geflügel keinen Schaden thun kann, muss der Jäger ihn als Singvogelfeind kennen und nicht zu sehr sich vermehren lassen. Meist geschieht nichts zu seiner Verminderung. Auch mich hatte er durch seine Schönheit, seine Nachahmung fremder Gesänge und sein munteres Wesen so sehr bestochen, dass ich ihn im Garten brüten liess. Jetzt geschieht dies nicht mehr, denn er vertrieb durch ewige Zänkerei das bauende Schwarzplättchen, tödtete und frass die jungen Sperbergrasmücken und wurde daraufhin sammt seiner Ehehälfte erschossen. Ich warne ganz besonders vor Schlüssen, die lediglich aus Magenuntersuchungen gezogen sind, denn im Magen machen sich wohl die harten Flügeldecken der Käfer (besonders Laufkäfer), aber nicht das Fleisch der zarten jungen Vögelchen bemerklich. Man muss selbst in den Hecken liegen und sein Thun und Treiben unbemerkt belauschen, um ein richtiges Bild von seiner Lebensweise zu gewinnen.

Schliesslich will ich noch bemerken, dass der grosse graue Würger als harter überwinternder Vogel früher brütet als alle drei Genossen; seine Eier findet man schon Anfang Mai, die der anderen Ende Mai und im Juni.

Ich empfehle nochmals die Würger dem Jäger zur gründlichen Beobachtung und hoffe, dass noch manche interessante Wahrnehmung an dieser schönen Vogelgruppe gemacht werden wird.

52. Der Fischreiher
(Ardea cinerea, Linné).

ist aber grauer, hat zwölf Schwanzfedern, während die Rohrdommel deren zehn hat, neben anderen Unterschieden; auch die Rohrdommel (Botaurus stellaris oder Ardea stellaris) gehört zu den Reihern und ist von allen Arten ausser dem Fischreiher der häufigste; die übrigen Arten haben für unseren Zweck kein Interesse.

Ich erwähne die Reiher hier deswegen, weil sie durchaus nicht nur Fische, sondern auch anderes Gethier, sogar manchen jungen Vogel fangen. Ich kann aus eigener Erfahrung zwar nur vom Fischreiher darüber berichten, doch soll auch die Rohrdommel (und der Nachtreiher) junge Vögel nicht verschmähen; freilich sind die Rohrdommeln zu seiten, um Schaden zu thun und werden durch Verzehren einer Menge Insekten mehr nützlich.

Der graue Reiher ist gerade jetzt der Verfolgung mehr als je ausgesetzt, da hohe Prämien für seine Tödtung gezahlt werden; dies geschieht freilich nur seiner Fischräuberei wegen und ist gewiss sehr zu loben. Der Ausrottung geht der Reiher sobald noch nicht entgegen; dazu ist er noch viel zu häufig und — schen. Aber ausser Fischen fängt er auch viele Insekten, Blutegel, an überschwemmten Wiesen zahlreiche Mäuse und dergleichen, leider auch im Röhricht manchen Vogel; den jungen Enten kann er sehr gefährlich werden; ich weiss nicht, ob schon beobachtet ist, dass er Eier fresse, doch wäre es leicht denkbar; wegen seines Vogelfangens muss er auch als Jagdfeind betrachtet und doppelt eifrig befehdet werden! — Bemerken will ich noch, dass der Reiher im Allgemeinen fortwandert, am Niederrhein aber nicht wenige überwintern und viel von grossen Wassermuscheln leben, welche sie namentlich auch in den Nebengewässern des Rheins suchen.

---

53. Der weisse Storch
(Ciconia alba, Brisson).

Weiss, Flügel im Alter schwarz, in der Jugend schwarzbraun, Ständer und Schnabel roth im Alter, röthlichgrau in der Jugend. Zugvogel. Horstet auf Dächern, hin und wieder auch auf Waldbäumen. Eier weiss, etwa von der Grösse starker Puteneier, 75 : 53 mm messend, meist drei bis vier, selten fünf an der Zahl.

Die Verbreitung des Storches ist eigenthümlich, nordwärts der Düna scheint er in den Ostseeprovinzen nicht zu brüten; in manchen Gegenden Deutschlands findet man ihn zahlreich, in manchen einzeln. Merkwürdigerweise ist er in der Weseler Gegend fast gar nicht; das nächste Nest soll zwei Meilen von Wesel stehen.

Was nun die Nahrung des Storches anlangt, so wird dieselbe auch sehr verschieden beurtheilt. Dass er alles Lebendige frisst, was er erreichen kann, unterliegt keinem Zweifel. Es handelt sich aber darum, welche Thiere er am meisten erwischt und ob dieselben für den menschlichen Haushalt und die Jagd von Nutzen oder Schaden sind.

Ohne Zweifel vertilgt der Storch gar manchen Junghasen, manches junge Hühnchen, Bekassinen, junge Enten und dergleichen, und der Waidmann kann dies unmöglich ungestraft hingehen lassen; es steht aber auch fest, dass dieser Schaden manchmal übetrieben wird und der Storch in anderer Hinsicht auch Nutzen schafft. Zur Herbstzeit fängt er eine Menge Mäuse; Riesenthal sagt man: „mit Ausnahme seines Mäusefanges ist kein gutes Stück an dem äusserlich sehr schönen Vogel". Durch Herrn E. von Homeyer erfahren wir, dass dies denn doch so schlimm nicht ist; dieser Forscher fand im Magen eines Storches 192 Stück der schädlichen Grasraupe, hebt ausserdem hervor, dass er eine Unmasse Regenwürmer vertilgt. Auch ich habe im Herbste Störche geschossen, deren Magen bis zum Platzen ganz mit Regenwürmern angefüllt waren, auch ebenso einmal mit Mäusen. Ausserdem bilden Blutegel, Frösche, ungiftige und giftige Schlangen, Eidechsen, Käfer, Schnecken, allerlei anderes Gethier seine Nahrung, leider aber auch Eier!

Man muss also wohl zugeben, dass der Storch dem Landwirth manchen erheblichen Nutzen bringt, namentlich durch seine Raupenvertilgung, und daher nicht so arg zu verdammen ist, als es häufig geschieht; leider kann trotzdem der Jagdpfleger eine übermässige Vermehrung desselben nicht dulden.

Wenn in weitem Umkreise nur ein Storchpaar nistet, das man auf den Wiesen herumstolzieren sieht, dessen Ankunft Jedermann erfreut hat — wer mag da dem alten Bekannten, der Zierde der Gegend, das tödtliche Blei zusenden? Wenn aber in einem Dorfe — beide Fälle sind mir begegnet und kommen öfters vor — fast auf jedem Dache ein Nest steht, und die Wiesen von Störchen belebt sind, wo man hinblickt, dann ist eine gründliche Befehdung derselben ohne Zweifel nicht nur zu rechtfertigen, sondern vom waidmännischen Standpunkte aus unbedingt nothwendig! — Die Ansichten mancher Forscher sind freilich anders. Wer auf seinem Dache ein Storchnest hat und es jahrelang fast stündlich beobachten kann, der theile seine Bemerkungen, sofern sie genau und sorgfältig geprüft worden sind, mit, und wird viel zur Kenntniss der Storchnahrung beitragen können.

Wenn übrigens von der Storchjagd die Rede ist, so stelle man sich dieselbe nicht so leicht vor; so friedlich und vertraut er auf dem Dache steht, so vorsichtig und schlau weicht er im Freien dem Jäger aus, der ihm gewöhnlich nur mit der Büchse beikommt; auf dem Nachtstand ist er allerdings leicht zu schiessen, zumal er gern auf Hornzacken übernachtet. Vom Dache ihn herabzuschiessen kann unter Umständen sehr übel genommen werden, da der Landmann mit grosser Verehrung an seinem Langbein hängt, die der Waidmann freilich nicht zu theilen pflegt.

54. Der Waldstorch oder schwarze Storch
(Ciconia nigra, Linné).

Niemals zu verwechseln, da er eine schwarzbraune, herrlich metallisch schillernde, glänzende Färbung hat, mit Ausnahme der halben Unterseite und Schenkel, welche schneeweiss sind. Ständer und Schnabel roth, im Jugendkleide graulichbraun,

Der schwarze Storch bewohnt nur die Wälder, besonders feuchte Laub-
wälder; Wasser scheint ihm Bedürfniss zu sein, da er den grössten Theil seiner
Nahrung aus demselben nimmt. Der Horst steht immer auf Bäumen, manchmal
nicht so übermässig hoch und oft auf dicken Seitenästen. Er wird jahrelang
benutzt und ist ein gewaltiger Bau. Die Eier werden Ende April oder Anfang
Mai gelegt, zwei bis fünf, gewöhnlich vier an der Zahl, kleiner als die des
weissen Storches; man liest in Büchern, sie wären im frischen Zustande bläulich,
aber dies mag auf Zufälligkeiten beruhen, oder sehr unbedeutend sein, denn mir
erschienen auch die unausgeblasen im Horste liegenden nur schmutzigweiss,
ohne bläulichen Ton, wohl aber sind sie inwendig hellgrün. Das Maass beträgt
63 : 48 mm.

Die Störchin brütet mit grosser Liebe, weiss aber sehr geschickt dem
Jäger auszuweichen; überhaupt ist der schwarze Storch ein äusserst scheuer
und kluger Vogel, der den Menschen von Weitem flieht. Wie misstrauisch er
am Horste ist, habe ich mehrfach erfahren; selbst bei Nacht weiss er sich
zeitig genug zu salviren. Uebrigens ist im jagdlichen Interesse eine Verfolgung
kaum nothwenig. Grösseren Schaden thut er ohne Zweifel der Fischerei; er ist
zwar in Preussen und Pommern nicht so selten, als man vielleicht im Allgemeinen
annimmt, aber gerade in Masuren, wo er häufiger ist, sind die Seen von einem
solchen Fischreichthum, dass die schwarzen Störche keinen bemerklichen Schaden
thun werden. Er frisst zwar ebenfalls alles Geniessbare aus dem Thierreich,
stellt aber nur in seichtem Wasser seiner Beute nach und wird selten in die
Lage kommen, sich jagdliche Uebergriffe zu gestatten, daher eine Verminderung
von Seiten des Jägers nicht nothwendig erscheint; jedenfalls ist er nicht an-
nähernd so schädlich für die Jagd als sein weisser Bruder, freilich auch dem
Landmanne weniger von Nutzen.

Unter den kleinen nicht jagdbaren Säugethieren giebt es einige, welche
an Eiern und jungen Vögeln grossen Geschmack finden, meistens zwar ihrer
Kleinheit wegen grösserem Geflügel nicht schädlich werden, aber an Lerchen
und anderen am Boden nistenden Vögeln sich vergreifen und daher nicht un-
erwähnt bleiben sollen; wenn auch der Jäger nicht seine Zeit zur Verfolgung
dieser Thiere verwenden kann, so muss er doch wissen, was er von ihnen halten
soll, und findet manchmal Gelegenheit, sie zu vermindern. Da ist

1. der Igel,

welcher manchmal dazu kommen kann, ein am Boden stehendes Nest zu zerstören, und daher sehr mit Unrecht geschmäht wird. Der ihm gemachte Vorwurf, den ausgestreuten Waldsamen zu fressen, ist ganz ungerechtfertigt, da er
nur von thierischer Kost lebt; er wird durch Vertilgung einer grossen Menge
von schädlichen Insekten, Würmern, Schnecken und Mäusen so nützlich, dass
man ihn der unbedingten Schonung empfehlen und kleine Sünden verzeihen muss.

2. Die Spitzmäuse,

deren fünf oder sechs Arten in Deutschland leben, sind zwar kleine, aber mord-
lustige Geschöpfe. Es ist klar, dass manches schädliche Thier ihnen zum Opfer
fällt, aber sie sind grosse Liebhaber von Eiern und jungen Vögeln, wodurch
vielleicht ihr Nutzen gänzlich aufgehoben wird. E. von Homeyer sagt: „In
den neuesten Schriften wird den Spitzmäusen   ähnlich wie dem Bussard
und Sperling — eine traditionelle Verehrung zu Theil, die ich jedoch nicht
theilen kann."

3. Der Maulwurf.

Ganz ungerechtfertigt ist es, dem nach seiner Nahrung so sehr nützlichen
Maulwurf das gewiss ganz ausserordentlich selten vorkommende Rauben kleiner
Vögel vorzuwerfen; den grössten Theil seiner Nahrung sucht er unter der Erde
und gehört zu den sehr nützlichen Thieren.

4. Der Bär

kommt in deutschen Landen nicht mehr vor und würde als furchtbarem Raub-
thier seinem etwaigen Verirren in unser Gebiet die Vernichtung auf dem Fusse
folgen.

---

5. Der Dachs

ist durch seine Nahrung nützlich; es lässt sich nicht leugnen, dass er keinerlei
Fleischnahrung verschmäht, daher er auch zuweilen die an der Erde befindlichen
Vogelnester zerstört; bei Fasanerien dürfte er daher wohl nicht gänzlich unbeachtet bleiben können; eine übermässige Vermehrung könnte immerhin nachtheilig
werden, aber vorwiegend nützlich muss man ihn doch nennen.

---

6. Der Baum- oder Edelmarder
(Mustela martes).

Von dem Steinmarder unterschieden durch beträchtlichere Grösse, durch
rostgelben Fleck auf Brust und Kehle, dichteres, röthlichgraues, an den Spitzen
lichter rostgelbes Wollhaar und stärkeren Kopf.

Der Baummarder ist für die Jagd einer der furchtbarsten Feinde, die es
in unseren Gegenden giebt; er fängt freilich auch Mäuse, wird sogar durch Verfolgung der Eichhörnchen nützlich, vertilgt aber alle Waldvögel von der Auer-
henne bis zum kleinsten Goldhähnchen und wird den Hasen und Rehkälbern
gefährlich; die gefangenen Drosseln holt er sammt den Vogelbeeren aus den
Dohnen, die Eier aller Vögel schmecken ihm. Dem Schreiadler und Bussard
stiehlt er im unbewachten Augenblick die Eier, den Fasanen, den Drosseln und
den Haidelerchen — ob gross, ob klein, ist ihm einerlei.

Es ist daher natürlich, dass der Waidmann ihn mit Fallen und Schiessgewehr auf's Eifrigste verfolgt. Es mag wohl keinen Jäger geben, der noch
nicht bei einer Neue der Marderspur gefolgt ist und nicht interessante, oft herzlich komische Episoden von solchen Jagden zu erzählen weiss. Leider haben
in hiesiger Gegend die letzten fast schneelosen Winter keine Gelegenheit zu
solcher hochamüsanten — freilich oft langwierigen, anstrengenden und mitunter
auch erfolglosen — Pürsche gegeben. Sehr häufig schläft der Marder den Tag
über in grossen Raubvogelhorsten. Wo man Grund hat, solches zu vermuthen,
leistet eine Büchsflinte vorzügliche Dienste. Die Kugel in den Horst gesandt
und mit dem Schrotschuss den herabspringenden, möglicherweise gar angeschossenen
Marder beglückend, kann man in den Besitz des Räubers kommen. Freilich
ist der blitzschnell herabspringende und flüchtig werdende Marder nicht gerade
leicht zu schiessen und gewähren zwei Flinten mehr Hoffnung auf Erfolg. Oft
auch liegt er in kleineren Nestern, z. B. von Eichhörnchen und Holzhähern, in
denen er manchmal mit einem Schrotschuss erlegt werden kann.

Findet man einen Marder, der gebannt hat, und hat kein Gewehr bei sich, so soll ein stets wirksames Mittel sein, ihn an seinen Platz zu bannen, wenn man aus Hut und Rock oder dergleichen einen Strohmann herstellt; man kann ruhig seine Flinte holen und wird den Marder noch auf demselben Flecke vorfinden, den er vor Dunkelwerden nicht verlässt. Ich habe nie Gelegenheit gehabt, dies Mittel zu erproben, doch wird es verschiedentlich als sicher angeführt.

Mitte Januar beginnt die Ranzzeit und oft schon im März findet man drei oder vier in den ersten 12 bis 14 Tagen blinde Junge. Die Tragzeit währt neun Wochen.

Der Baum- oder Edelmarder (Mustela martes).

Bekannt sind die verschiedenen Fallen. Die Mord- und Prügelfallen sind vortrefflich, nur in belebter Gegend nicht gut anzuwenden. Das Tellereisen ist ebenfalls wirksam; die Winckell'schen Witterungen sind wohl noch so ziemlich die besten, freilich etwas complicirt. Am meisten werden jetzt wohl die ausgezeichneten Weber'schen Raubthierfallen angewandt, sowie die alten bekannten „Marderfallen" theils mit nur einer, meist aber mit zwei Klappen; diese Falle fängt auch Katzen und anderes Raubzeug und hat den grossen Vortheil, dass man den Räuber lebend und unverletzt in seine Gewalt bekommt.

7. Der Stein- oder Hausmarder
(Mustela foina, Brisson).

Der Steinmarder ist vom Baummarder unterschieden durch weissliches Wollhaar, kleineren, weissen Fleck auf Kehle und Brust, schmäleren Kopf, etwas geringere Grösse, kürzere Haare und niedrigere Läufe. Die Gesammtfärbung ist mehr grau, oft ins Silbergraue spielend. Es steht wohl fest, dass er sich mit dem vorigen zuweilen paart und die entstehenden Bastarde zwischen beiden Arten stehen. Der Aufenthalt des Steinmarders ist weniger der Wald als vielmehr alte Gebäude, Scheuern Ställe, Böden, altes Mauerwerk und Steinhaufen, Holzstösse und dergleichen. Er ranzt etwa vier Wochen später als der Baummarder und dementsprechend findet man auch die Jungen erst im April und Mai.

Er wird dadurch, dass er öfter in Hühnerställe und Taubenschläge eindringt, womöglich noch gefährlicher als der Baummarder und thut dem Wilde ganz denselben Schaden, soweit er Gelegenheit dazu findet. Der Waidmann ist daher gezwungen, ihm eifrigst nachzustellen; sein Balg wird ebenfalls gut bezahlt und vermehrt die Freude über Erlangung des Räubers. Erlegt wird der Steinmarder vom aufmerksamen Jäger zuweilen bei seinen nächtlichen Gängen auf den Dächern, wobei er ziemlich genau dieselben Wege einhält, weniger genau die Zeit. Spaziert er oben auf dem Dachfirst, so halte man lieber reichlich tief, als zu hoch, da die auf den Dachpfannen aufschlagenden Schrote ihm ebenfalls zu treffen pflegen, die zu hoch gehenden aber nichts nützen und der Marder wie alle seine Verwandten ein zähes Leben hat; freilich ist im Dunkeln der Schuss nicht für Jeden so ganz leicht. — Häufiger wohl noch wird der Hausmarder gefangen; es sind bei ihm ebenfalls verschiedene Fallen wirksam, doch ist die alte Mardertalle mit Klappen zwischen Gebäuden noch am besten verwendbar, da kein Unglück mit ihnen angerichtet werden kann und Alles, was sich fängt, eventuell wieder freigelassen werden kann.

Der Steinmarder stinkt wie alle seine Verwandten; freilich ist es vorzugsweise der Iltis, dem der Volksmund den Namen „Stänker" verliehen, und er ist freilich vor Allen im Stande, die Geruchsnerven zu alteriren, wenngleich die ganze Sippe nicht gerade nach Rosen duftet.

8. Der Iltis oder Ratz
(Foetorius oder Mustela putorius Linné).

Er ist etwas geringer als der Marder, hat statt der bei den Mardern vorhandenen 38 Zähne deren nur 34, weniger spitze, breitere Lauscher, kürzere Läufe. Die Hauptfarbe des Balges ist ein lebhaftes Braun.

Die Länge eines alten Männchens etwa 60 cm. In den östlichen Gegenden Ostpreussens kommt vielleicht zuweilen der gefleckte Iltis, Foetorius sarmaticus, vor, welcher an den Flanken und Läufen gefleckt ist, übrigens manche Abweichungen zeigt, aber von einigen als nicht verschiedenartig angesehen wird. Seine Heimath ist der Südosten und Osten. Der Iltis bewohnt nicht wie der Edelmarder die Bäume des Waldes, findet sich in Gebäuden vorzugsweise nur im Winter und ist im Frühling und Sommer nicht wählerisch in seinen Aufenthaltsorten. In Erdlöchern, unter Holzstössen, Reisig u. s. w. wohnt er am liebsten, namentlich in von Hecken durchzogenem Wiesenland, im Buschwald, in den Weidendickichten am Ufer der Ströme, im Faschinenwerk von Uferbauten, in Feld und Garten.

Die Ranzzeit fällt etwa mit der des Steinmarders zusammen, die Jungen findet man meist Anfangs Mai oder Ende April.

Das Frettchen und der Iltis oder Ratz (Foetorius oder Mustela putorius Linné).

Die Nahrung des Iltis besteht in Allem, was er zu tödten vermag. Durch Vertilgen vieler Mäuse, Ratten und Giftschlangen wird er in gewissem Grade nützlich, daher wird er von Gloger und Nachfolgern, auch von vielen bedeutenden neueren und neuesten Zoologen der grössten Schonung empfohlen. Diesen Ansichten stimmen glücklicherweise nicht alle Beobachter bei, denn der Iltis wird durch das Rauben einer grossen Menge Eier und junger Vögel, besonders von Enten, Hühnern, Fasanen und allen am Boden nistenden kleinen Vögeln, auch Sumpfgeflügel, so schädlich, dass kein vernünftiger Waidmann ihn schonen darf. Auch der Nutzen, den er dem Landwirth und Forstmann bringt, wird durch sein Rauben von Vögeln und Hasen wahrscheinlich mehr als aufgehoben.

Das Pelzwerk ist keineswegs schlecht, wie man vielfach annimmt; augen-

blicklich wird es sehr gut bezahlt, und den allerdings widerlichen Geruch verstehen die Kürschner gänzlich zu beseitigen.

Die Spur des Iltis ist von der des Marders wohl zu unterscheiden, namentlich durch die schärfer abgedrückten Zehen.

Die Jagd ist nicht anders auszuüben als beim Steinmarder; auch der Fang
ist derselbe, besonders mit den Klappfallen anzurathen. Auch Eisen sind wirksam. Eier recht gute Köder.

Mehr als einen hat unsere alte Diana in den Weidendickichten längs der
Rheinufer todtgebissen, wo sie gerne hausen. Zuweilen wird er beim Fuchsgraben
erwischt, da er manchmal in Fuchsbauen enge Seitengänge gräbt, in denen er
haust. Der Jäger muss trotz der Lobreden von Seiten vieler Gelehrten seine
Verfolgung energisch betreiben. —

Das Frettchen, welches bekanntlich bei uns zur Kaninchenjagd benutzt
wird, kommt, soviel man weiss, nur im gezähmten Zustande vor und braucht hier
folglich nicht besprochen zu werden, wird übrigens gewöhnlich nur als Varietät
des Iltis betrachtet.

9. Wiesel und Hermelin

(Mustela vulgaris und Erminea, Linné.)

Beide Wieselarten sind zwar in Körperbau und Aussehen einander äusserst
ähnlich, doch aber daran zu unterscheiden, dass das Hermelin reichlich einen
Decimeter länger zu sein pflegt und das Ende der Ruthe schwarz gefärbt ist.
Das Hermelin wird auch in wärmeren Gegenden im Winter ganz weiss mit
schwarzem Ruthenende, während das Wiesel nur in kälteren Gegenden seine
Farbe ändert, keine schwarze Ruthenspitze hat und häufig gefleckt erscheint.
Doch schoss ich am 25. März bei Pillau in Ostpreussen ein schneeweisses Wiesel,
das nur hinter dem Nacken einen kleinen bräunlichgrauen Fleck hat.

Das Wiesel ist in ganz Deutschland nicht selten, doch ist auch das Hermelin nicht nur in kalten Gegenden heimisch, sondern wohnt vom nördlichen
Eismeer bis hinab zu den Ufern des Mittelmeeres. Bei uns in Deutschland
kommt es wohl überall, wie mir scheint im Westen vereinzelter, im Osten
häufiger vor.

Was nun die Lebensweise dieser anziehenden, gewandten Thierchen anlangt,
so sind beide darin vollkommen übereinstimmend, nur dass das stärkere Hermelin
auch stärkere Thiere als das Wiesel bewältigen kann. Es ist nun meiner Meinung nach ein ganz unbilliges Verlangen, dass der Jäger unsere beiden Thiere
schone, weil sie Mäuse vertilgen. Denn ausser der allerdings nicht unbedeutenden Menge von Mäusen und Ratten, welche sie rauben, fallen ihnen nicht nur
Eier und kleine Vögel, sondern auch Rebhühner und Fasanen, Wachteln, Enten,
junge und alte Hasen zum Opfer. Selbst Rehkälber sollen sie bewältigen, indem sie ihnen in den Nacken springen, mit ihrem scharfem Gebiss die Adern
durchbeissen und unbeirrt fest verbissen bleiben, bis das unglückliche Thier vom

Blutverlust ermattet hinsinkt. In Glogers Schriftchen, das in allen Ober-
förstereien zu sein pflegt, sind natürlich auch die Wiesel fast heilig gesprochen,
und viele namhafte Forscher nehmen sie auch jetzt noch in Schutz — dadurch
aber möge sich der Waidmann nicht beirren lassen, denn er kann und darf den
ganz erheblichen Schaden der beiden Wieselarten nicht übersehen, weil sie auch
Mäuse lieben. Man kommt zwar nicht oft dazu, sie mit Schiessgewehr zu erlegen, doch kommen Wiesel und Hermelin fast stets in ihrer Neugier zu dem
ganz ruhig stehenden Menschen zurück. Wenn es im Loch verschwunden ist,
braucht man sich nur in Schussweite davon aufzustellen, und nach nicht zwei
Minuten wird man die blitzenden Seher aus der dunklen Höhlung hervor-
leuchten sehen — doch im Nu sind sie wieder verschwunden; man stehe unbeweglich! Bald wird der ganze Kopf zum Vorschein kommen, um gleich darauf
wieder zu verschwinden. Man stehe unbeweglich! Nun wird der halbe Körper
sichtbar und verschwindet noch einmal. Nun leise die Flinte an den Kopf —
nach kaum einer halben Minute wird wieder der schlanke Leib sichtbar — man
verharre ruhig und gebe erst Feuer, wenn der ganze Körper frei ist! Auf
diese Weise haben wir viele Wiesel und Hermeline erlegt. Ausserdem kann
man sie mit kleinen Tellereisen, in lose gestellten ein- und zweiklappigen Marderfallen fangen, und als Köder mit Erfolg ein Ei benutzen. Weber in Haynau
hat für sie eine praktische „Wieselfalle" construirt.

10. Die Katzen.

Von katzenartigen Thieren hat unser Deutschland zum Glück nicht viel zu
leiden. Die Wildkatze kommt nur noch in wenigen Gegenden regelmässig vor,
und der Luchs ist eine äusserst seltene Erscheinung. Weit mehr Schaden als
durch diese beiden wilden Räuber wird dem jagdbaren Wilde in deutschen Landen durch die Hauskatzen zugefügt. Ehe ich daher die Wildkatze und den
Luchs bespreche, will ich das Treiben der in Wald und Feld herumlungernden
„Hauskatzen" beleuchten.

In unserem schönen Garten bei Wesel brüteten dieses Jahr ausser zahlreichen anderen Vögeln auch drei Nachtigallenpaare in den dichten Gebüschen,
von denen Dank den Katzen nur ein einziges die Jungen glücklich aufzog; die
eine Brut wurde geraubt als sie noch unbefiedert, die andere als sie dem Ausfliegen nahe war. Wahrscheinlich dieselbe Katze hatte auch zwei Bruten von
Rothschwänzchen aus einem Baumloche hervorgeholt. Erst als das Pärchen sich
ein anderes Baumloch zu einer dritten Brut aussuchte, gelang es ihm, die Jungen
glücklich ausfliegen zu sehen. Trotz meiner Racheschwüre dauerte es doch eine
Zeit lang, bis ich die schlaue Mörderin erschossen hatte. — Ich könnte noch
viele solche Beispiele erzählen und habe nur zwei eclatante Thatsachen aus den
letzten Wochen herausgegriffen. Alle tief nistenden Singvögel sind von den
Katzen aufs Aeusserste gefährdet, zumal auch die Lerchen auf den Feldern und
die Rebhühner. In hiesiger von vielen kleinen Gehölzen bedeckten Gegend

Die Hauskatze.

werden ganze Ketten von Hühnern und Wachteln durch Katzen aufgerieben, und selbst an Wasservögeln haben wir beobachtet, dass ihrer viele durch Katzen geraubt werden. Leider verstehen sie auch trefflich zu klettern und zerstören eine Menge hoch in den Büschen und Bäumen stehender Nester, namentlich angelockt durch das Geschrei der jungen Vögel. Nichts aber schmeckt dem süssen Mausekätzchen vortrefflicher als so ein zartes junges Häschen! Herr von Homeyer beobachtete, dass ein völlig ausgewachsener Hase im Lager fast augenblicklich von einer Katze getödtet wurde.

Ich bin einmal Zeuge gewesen, wie eine Bäuerin sich bitter unter Thränen beklagte, dass ihre Mieze von einem Jäger erschossen sei, und wie sie ihre lange Rede mit den Worten schloss: „Ach es war eine so gute Mieze, sie brachte so hübsche, bunte Vögelchen zu ihren Jungen, und drei „Häschen" hat sie mir hergeschleppt! Eine solche Mieze kriege ich nicht wieder, die meisten machen es wie der alte Hinz, der Alles gleich selber frisst."

Eine hiesige, sehr geistreiche und scharf beobachtende Dame erzählte mir kürzlich, dass in ihrem in der Stadt gelegenen buschreichen Garten eine Menge Singvögel gebrütet hätten, aber fast alle deren Junge von Katzen geraubt wären; sie gab an, dass in ihrem Garten durchschnittlich im Sommer täglich mindestens zwei Vögel Katzen zum Opfer fielen, und berichtete sehr anschaulich und ausführlich, mit welcher bewundernswerthen Geduld die Katze auf die alten Spatzen lauert und solche oft nach drei- bis vierstündigem Harren und Schleichen raubt. Ebensolche Tugenden entwickelt sie natürlich auch draussen in Wald und Feld, wenn es edlerem Wilde gilt.

Angesichts solcher Thatsachen muss ich die Verwunderung einiger meiner Bekannten theilen, darüber, dass erst kürzlich in der Neuen Deutschen Jagd-Zeitung ein Artikel erschien, in welchem die Katzen ungemein herausgestrichen und der Schonung anempfohlen wurden. Der darin enthaltene Warnungssatz „schiesse keine Mausekatz, das bringt Unheil", ist mir unbekannt und mir wurde im Gegentheil von Jugend auf eingeprägt:

„Schone keine Katz, das bringt Unheil!"

Ich wiederhole nochmals, dass der durch Katzen angerichtete Schaden meiner Ansicht nach häufig sehr unterschätzt wird, und eine unschuldig erlegte Katze auch kein Unglück ist, da solche wohl überall für 30 bis 40 Pfennige wieder erstanden werden kann. Es könnte auch besser um die Katzen bestellt sein, wenn nicht eine Menge von Bauern — in hiesiger Gegend fast alle — ihre Katzen zur Sommerzeit überhaupt nicht fütterten, „weil sie sich ja genug Zeug zusammenfängt". Wenn ich nun unablässig wider die Katzen zu Felde ziehe, so bitte ich, mir nicht vorzuwerfen, ich kenne den Nutzen der Katzen nicht; das Fangen der Mäuse, Ratten, Heuschrecken etc. etc. habe ich ebenso beobachtet, aber bei herumlungernden Bestien kommt das dem immensen Schaden gegenüber garnicht in Betracht. Dazu kommt nun noch, dass nach unseren eigenen und vieler trefflicher Forscher Beobachtungen die auswärts umherschweifenden Katzen sich wenig und meist garnicht mehr mit dem Mäusefang abgeben und dass ein Abgewöhnen ihrer Untugenden bei dem unlenksamen Sinn der Katzen niemals gelingt. Bemerken will ich noch, dass die viel erwähnte

Zählebigkeit der Katzen in der That oft kaum glaublich ist. Ein Halsschuss ist immer sehr rasch tödtend. Ich schiesse am liebsten mit Hühnerschrot auf Katzen, da bei der Menge der feineren Schrote eher ein Halskorn zu erwarten ist; im Uebrigen halte ich freilich mit dem Schrote drauf, den ich gerade im Gewehre habe und erreiche schliesslich mit allen Nummern meinen Zweck. *)

Ihrer Stärke halber ohne Zweifel noch gefährlicher ist

11. die wilde Katze
(Felis catus, Linné oder Catus ferus).

welche in den westdeutschen Gebirgen noch nicht so selten ist, als man vielfach annimmt. Mehr noch als im Harz findet man sie z. B. im Rhöngebirge, auch im Sauerland und im Elsass. Im Osten scheint sie niemals recht heimisch gewesen zu sein und es ist ein Irrthum, dass sie in den Wäldern des Ostens noch einzeln vorkommt. Sie ist eine Bewohnerin der europäischen Wälder und die deutschen Waldgebirge mögen das Centrum ihres Verbreitungsgebietes darstellen. Obgleich sie von viel grösserer Stärke als die Hauskatze ist, hält es doch schwer in die Augen springende Unterscheidungsmerkmale anzuführen. Das einzig sichere Kennzeichen ist wohl die gleichmässige, lange Behaarung des Balges und die dicke stark behaarte Ruthe, welche nach dem Ende zu dünner wird und immer eine Anzahl dunkler Ringe, doch nicht über acht bis neun aufzuweisen hat. Auch fällt der starke Kopf und das gewaltige Gebiss auf, und die Farbe ist stets grau, bei der Katze gelblichgrau mit dunklen Streifen.

Das Gewicht beträgt nicht selten 8 Kilogramm und darüber, die Länge bis 80 cm.

12. Der Luchs
(Felis lynx, Linné).

ist kein ständiger Bewohner Deutschlands mehr. Im Harz wurden die letzten Luchse 1817 und 1818 an den Sonnenklippen erlegt und 1846 einer in Württemberg. Von Russland her, wo der Luchs noch häufig genug ist, kommen

---

*) Hier möchte ich mir erlauben, noch zweier Thatsachen zu erwähnen, welche ich während meiner Herbstreise nach der Nordsee beobachtete, nachdem vorstehende Zeilen schon der Druckerei übersandt worden waren. In einem kleinen Dorfe, wo ich im Wirthshause auf Fahrgelegenheit übers Watt wartete, sah ich durchs Fenster, wie ein schwarzer Kater ein Gohlhähnchen fing; ich jagte ihm das leider schon verendete Vögelchen ab, und während ich in der Stube der versammelten Familie die Unthat ihres geliebten Hinz berichte — raubte das „sanfte Thier" ein anderes Gohlhähnchen! Innerhalb fünf Minuten waren zwei der allernutzlichsten und hübschesten Vögel vernichtet! Mein Aerger war um so grösser, als ich aus guten Gründen keine nachhaltige Strafe vollziehen konnte.

Auf der Insel Neuwerk in der Nordsee beobachtete ich, wie ein anderer schwarzer Kater die gefangenen Prozeln aus den Dohnen riss, eine gelbe Katze sogar an den Wassergräben mit grossem Geschick Bekassinen raubte. E. H.

noch in neuester Zeit Ueberläufer in Ostpreussen vor. In der Rominter Haide wurde ein starker Luchs im Jahre 1863 geschossen. Einer wurde 1879 im Revier Puppen erlegt. 1881 ward ein Luchs gespürt; dass keine Verwechselung mit einer Wolfsspur vorliegt, glaube ich im vorliegenden Falle daraus schliessen zu können, dass die Spuren über eine Reihe von Klaftern hinführten, was man einem Wolfe kaum zutrauen dürfte. Im Uebrigen ist mir von tüchtigen Waidmännern, welche zahlreiche Spuren von Wolf und Luchs in russischen Wäldern gesehen haben, versichert, dass beide durchaus nicht so leicht zu unterscheiden sind, als man dies nach verschiedenen Angaben in Büchern glauben muss.

Selbstverständlich haben wir im Luchs einen der furchtbarsten Räuber vor uns, und bieten Alles auf, ihn von unseren Grenzen fernzuhalten.

B. Der Wolf
(Canis lupus, Linné).

Nur in zwei fern von einander liegenden Gegenden unseres Vaterlandes wird der Wolf noch alljährlich angetroffen; es sind dies die Grenzgebiete im Osten und Westen. In den Reichslanden leben noch eine Menge Wölfe und pflanzen sich dort auch noch fort, während man in Ostpreussen zwar allwinterlich noch Wölfe erlegt, es aber nicht wahrscheinlich ist, dass in den letzten Jahren sich noch welche fortgepflanzt haben. Zwar wurden 1882 im Juni verschiedentlich Wölfe in der Johannisburger Haide gesehen und auch vom Oberförster von Döhn und anderen gefehlt, es ist aber wahrscheinlich, dass es immer dieselben ein oder zwei Exemplare gewesen sind, die übrigens eine Gans und mehrere Schafe gerissen haben sollen. Ebenda zeigen sich auch noch allwinterlich Wölfe, mehr noch in der Rominter Haide, wo Dank der tüchtigen Jägerei auch mehr erlegt werden, im Winter 1883 84 wegen Mangel an Schnee freilich nur drei Stück. Einzelne Ueberläufer werden wohl noch lange in unser Reich einbrechen, aber wie überall anderwärts in deutschen Landen wird es auch in den Reichslanden den deutschen Waidmännern gelingen, diesen furchtbarsten unserer Wildfeinde wenigstens als ständigen Bewohner auszurotten. Dazu Waidmannsheil!

14. Der Fuchs
(Canis vulpes, Linné).

Wollte ich über den Fuchs und sein Sündenregister so recht mein Herz ausschütten, so könnte ich manche Seite füllen, aber ich würde zu viel bekannte Dinge berichten und will mich daher auf wenige Zeilen beschränken.

Für den Jäger unterliegt es nun einmal keinem Zweifel, dass in wohlzupflegenden Revieren der Fuchs absolut nicht geduldet werden kann.

Auch mir ist freilich der Fuchs auf Treibjagden immer das interessanteste Wild, und ich muss gestehen, dass ich ihn nicht gern gänzlich missen möchte;

trotzdem schone ich seiner niemals. Wir Jäger wissen genug von seinen Räubereien zu erzählen und bleiben auf unserem Standpunkte bestehen, trotz mancher gelehrten Herren, welche ihn als Mäusefeind verehren und der Schonung anempfehlen. Es ist schon darauf viel Gewicht zu legen, dass man in Mäusejahren viel räudige Füchse in Folge zu reichlicher Mäusenahrung findet, dass aber eine Hauptnahrung eines Thieres unmöglich nachtheilige Folgen haben kann. Auch sieht man zwar den Fuchs seinen Jungen öfter eine Maus zuschleppen, aber, wie E. von Homeyer bemerkt, meistens lebendig, um den Jungen Unterricht zu ertheilen; als eigentliche „Nahrung" aber werden hauptsächlich Hasen und Vögel herbeigeschleppt. Ich erlaube mir auf Nummer 19 des vierten Jahrganges der Neuen Deutschen Jagd-Zeitung hinzuweisen, wo ich über Varietäten des Fuchses sprach, und hoffe später darüber in der eben angeführten Zeitung ausführlicher berichten zu können. Schliesslich bitte ich nochmals solche Jäger, welche das Giftlegen betreiben — es giebt deren leider noch genug — sich doch waidmännischer Mittel zur Verminderung des Fuchses zu bedienen, indem ich dieses Mittel nicht als waidmännisch anerkennen kann.

14. Der Nörz
(Lutra lutreola, Shaw).

In Mecklenburg und Holstein Menk und Ottermenk genannt. War in früherer Zeit nicht eben selten bei uns. Jetzt wird er fast nur noch in Holstein und Mecklenburg an Sümpfen und Seen beobachtet, ist dagegen in Russland nicht selten. Er bildet einen Uebergang von den Iltissen zu den Ottern. Ohne Zweifel ist er häufiger als man annimmt und wird gewiss manchmal mit dem Iltis verwechselt. Er bewohnt ähnliche Orte wie dieser, noch mehr die Feuchtigkeit liebend. Er sieht dem Iltis nicht unähnlich; Lauscher kurz; zwischen allen Zehen kleine Bindehäute; Färbung dunkelbraun, in der Mitte des Rückens und an der Ruthe am dunkelsten. Unterseite braungrau, heller als die Oberseite, an der Kehle ein weisslicher Fleck. Obgleich zu selten, um wesentlichen Schaden anzurichten, ist er ein tüchtiger Räuber, der ausser an Geflügel aller Art den Krebsen nachtheilig wird, freilich auch Ratten, Mäuse, nicht verschmäht. Jagen muss man ihn wie den Iltis an dergleichen Orten, doch ist er ein besserer Schwimmer und Taucher. Sein Balg soll nach den Einen besser, nach den Anderen schlechter als der des Iltis zu verwerthen sein.

15. Den Fischotter
(Lutra vulgaris, Linné)

muss ich erwähnen, weil er ausser zahllosen Fischen auch Wasservögel raubt, indem er dieselben von unten auf dem Wasser ergreift. Auch Krebse liebt er ausserordentlich. Die Jagd auf ihn wird durch seine vorzüglichen Sinne sehr erschwert, denn er wittert und vernimmt vortrefflich: ob auch sein Gesicht so vortrefflich ist, wie mehrfach behauptet, scheint durchaus nicht erwiesen zu sein. Er kommt fast überall vor, und ich halte ein gutes Tellereisen für das beste Fangmittel. Der Balg ist zu allen Jahreszeiten zu gebrauchen und das Fleisch gut geniessbar, wenn auch wohl keine solche Delikatesse, wie man manchmal erzählt. Indem ich nur erwähne, dass sogar Thiere, wie Hamster und Ratte, die grosse Waldmaus und namentlich die Wasserratte sich an Vögeln nicht selten vergreifen, besonders aber ihren Eiern gefährlich werden, gehe ich zu einem sehr schädlichen Thier über.

16. dem Eichhörnchen
(Sciurus vulgaris, Linné).

Dieser schöne, zierliche kleine Nager kann trotz seiner liebenswürdigen Eigenschaften, welche unseren Rückert sogar so fesselten, dass er ein längeres Gedicht dem „falbfeurig gemantelten Königssohn im grünenden, blühenden Reiche" widmete — kann trotz alledem sich nicht unseres Schutzes erfreuen, da er einer der abscheulichsten Nesterplünderer ist. Von Vögeln, welche den Jäger angehen, sind es wohl eigentlich nur die Drosseln, deren Eier nur zu oft den Eichhörnchen zum Opfer fallen, vielleicht auch einmal Ringel- oder Turteltaubeneier. Wo es viele Eichhörnchen giebt, zerstören sie oft den grössten Theil aller Drosselnester und selbst die hängenden Nester der Pirole und Goldhähnchen zu erreichen ist ihnen eine Leichtigkeit. Ich kann aus eigener Anschauung nur über den sehr ausgedehnten Eierraub berichten, doch wurde verschiedentlich beobachtet, dass sie auch an jungen Vögeln Gefallen finden. Da sie ausserdem grösstentheils nur von Waldsämereien leben, so ist es rathsam, ihnen mehr als es gewöhnlich geschieht nachzustellen. Sie sind leicht mit Schiessgewehr zu erlegen; ihre Anwesenheit bemerkt man am besten an stillen Wintermorgen, wo man ihr Nagen an den Coniferenzapfen weithin hören kann.

Nachwort.

Hoffentlich ist es mir in vorstehenden Zeilen wenigstens im Allgemeinen
gelungen, von den der Jagd schädlichen und fälschlich als schädlich angesehenen
Thieren ein Bild der Lebensweise zu entwerfen, und ich hoffe namentlich in Be-
zug auf Nutzen und Schaden in jagdlicher Hinsicht im Wesentlichen das Richtige
getroffen zu haben — wenigstens hat es an vorurtheilsfreier Beobachtung in
freier Natur und Benutzung des vorhandenen Materials nicht gefehlt.
Auf die Unterscheidung der Arten habe ich viel Werth gelegt, weil ich
glaube, dass dies meistens zu wenig geschieht. Wenn man z. B. liest: „Die
Krähen" oder meinetwegen „die Eulen sind nützlich", so ist dies ein Unsinn,
aber „die Krähen" oder „Eulen sind schädlich", ist gerade so verkehrt, denn
es giebt nützliche und schädliche Krähenarten, nützliche und schädliche Eulenarten.

Einige nachträgliche Bemerkungen seien mir noch gestattet.

Beim Wanderfalken habe ich wiederum Männchen und Weibchen
brüten sehen!

Vom Mäusebussard habe ich zu den verschiedensten Tagesstunden Alte
vom Horste geschossen, welche immer Weibchen waren.

Garnicht erwähnt habe ich den Tannenhäher (Nucifraga caryocatactes[*]).
Dieser Vogel ist nur selten, daher für uns von geringerem Interesse. Ich habe
allerdings das Glück gehabt, ihn in den ostpreussischen Wäldern am Brutplatze
zu beobachten und dort Nester mit Jungen und Eiern zu finden. Da sein Vorkommen auf wenige Lokalitäten beschränkt ist, gelang mir das Letztere erst in
diesem Frühjahre nach vielen vergeblichen Mühen. Von einigen Beobachtern
ist behauptet, der Tannenhäher sei ein ebenso schlimmer oder gar noch schlim-
merer Nesträuber als der Eichelhäher, und dies in den meisten Büchern nach-
geschrieben; möglich mag es sein, ich habe ihn aber immer nur als Fresser
von Nüssen und derlei Kernen, Käfern und dergleichen gefunden und es wusste
mir auch kein Forstbeamter von Räubereien dieses Vogels zu erzählen. Ich
erlaube mir noch kein Urtheil über seinen Nutzen oder Schaden. Der Tannen-

---

[*] Ein krähenartiger Vogel, etwa von der Stärke eines Holzhähers, ganz schwärzlichbraun
mit rundlichen, weissen Flecken, die auf dem braunen Kopf und den schwarzen Flügeln und
Schwanz fehlen.   E. H.

häher wandert in einigen Wintern aus dem Norden, wo seine Hauptbrutplätze liegen, nach Deutschland, die bei uns brütenden sind aber Standvögel!

Dass ausser den besprochenen Thierarten das edelste Geschöpf, der Mensch, das heisst derjenige, welcher nicht pfleglich und waidmännisch jagt, also der Ausjäger, der grösste Feind der Jagden ist, ist leider unbestreitbar, und ebenso wahr ist es, dass gerade dieser Jagdfeind am schwersten auszurotten ist.

Dass fernerhin Witterungseinflüsse und derlei Umstände, denen wir nicht zu gebieten vermögen, dem Wilde oft unsäglichen Schaden zufügen, ist nicht nöthig auseinanderzusetzen, aber auf einen Umstand möchte ich mir noch erlauben hinzuweisen: es ist das der immense Schaden, den das Mähen des Grases den Rebhühnern und an einzelnen Lokalitäten namentlich auch den Enten und anderen Vögeln zufügt. Wenige haben das wohl so gefühlt als ich in diesem Jahre. Obgleich das Wetter vom Herbst 1883 bis jetzt das denkbar günstigste gewesen und obgleich wir Rebhühner genug im vorigen Jahre übrig gelassen hatten, sind doch auf unserem kleinen Jagdterrain und einigen ähnlichen Jagden weniger Ketten vorhanden als nach schlechten Wintern und selbst nach der grossen Ueberschwemmung. Dafür begegnet man einer Menge von gelten Hühnern und schwachen Ketten, deren Hühner noch so gering wie Spatzen waren; im Allgemeinen ist ein für hiesige Gegend gutes Hühnerjahr. Der Grund von alledem liegt darin, dass — unser Jagdterrain besteht grösstentheils aus Buschwerk und Wiesen — das Gras früher als sonst gemäht wurde: wir erfuhren dann auch von vielen bei uns und anderwärts zerstörten Bruten, meist zu spät, um die Eier noch Hennen unterzulegen. Als dann die gestörten Paare einer zweiten Brut oblagen, kam die zweite Grasmahd und das Unglück wiederholte sich.

Wer da im Stande ist einzugreifen, der thue es, und Hubertus wird es ihm lohnen.

Ein vorzügliches Schutzmittel ist, mit einer langen Leine über die Wiesen hinstreichen zu lassen und so die Nester durch Abstreichen der brütenden Henne zu ermitteln, aber zwischen den Büschen von Glacisanlagen und dergleichen ist es nicht möglich, und wo böswillige Mäher sind, auch von geringerem Erfolge.

Wer es vermag, das Mähen an gewissen Orten ganz zu inhibiren, wird sehen, welch schöne Erfolge er erzielt; ich habe selbst einmal Gelegenheit gehabt, dies zu beobachten.

Schliesslich nehme ich mit der Bitte von meinen Lesern Abschied, recht aufmerksam und eifrig, nie aber blindlings und ganz rücksichtslos in der Jagd auf unsere Raubthiere vorzugehen und rufe ihnen Allen zu ein frohes

Waidmannsheil!